F. W. Küster

# LOGARITHMISCHE RECHENTAFELN FÜR CHEMIKER

## PHARMAZEUTEN, MEDIZINER UND PHYSIKER

Fünfzehnte Auflage

Verlag von Veit & Comp. in Leipzig

# LOGARITHMISCHE RECHENTAFELN FÜR CHEMIKER,

## PHARMAZEUTEN, MEDIZINER UND PHYSIKER.

Im Einverständnis mit der

Atomgewichtskommission der Deutschen Chemischen Gesellschaft
und der Internationalen Atomgewichtskommission
für den Gebrauch im Unterrichtslaboratorium und in der Praxis
berechnet und mit Erläuterungen versehen

von

**Professor Dr. F. W. Küster.**

**Fünfzehnte, durchgesehene und verbesserte Auflage.**

Leipzig
Verlag von Veit & Comp.
1915.

**Vorbemerkung:** Messungsresultate, also auch Analysen, sind mit so vielen Stellen anzugeben, als es der Genauigkeit der Messung entspricht, und zwar so, daß die vorletzte Stelle als sicher, die letzte als unsicher gilt.

*Motto: Der Mangel an mathematischer Bildung gibt sich durch nichts so auffallend zu erkennen, wie durch maßlose Schärfe im Zahlenrechnen.* *Hagen.*


1. Auflage 1894.
2. „ 1900.
3. „ 1902.
4. „ 1904.
5. „ 1905.
6. „ 1906.
7. „ 1907.
8. „ 1908.
9. „ 1909.
10. „ 1910.
11. „ 1911.
12. „ 1912.
13. „ 1913.
14. „ 1914.
15. „ 1915.

Druck von Metzger & Wittig in Leipzig.

# Vorwort zur fünfzehnten Auflage.

Im hinter uns liegenden Jahre sind wieder eine ganze Anzahl zum Teil sehr sorgfältiger Atomgewichtsbestimmungen ausgeführt worden, welche sich auch auf die wichtigsten und am häufigsten vorkommenden Elemente beziehen, wie z. B. auf Silber, Schwefel, Chlor, Calcium, Baryum, Kupfer usw.

Bei der Durchsicht der in diesen Arbeiten wiedergegebenen Zahlen fällt es auf, daß die Kunst des Bestimmens von Atomgewichtszahlen ganz offensichtlich in stark fortschreitender Entwicklung steht; denn die Einzelzahlen weichen einerseits meist nur sehr wenig untereinander ab, andererseits aber sind die erhaltenen Mittelwerte meist in sehr naher Übereinstimmung mit früheren, oft auf ganz anderen Grundlagen gewonnenen Zahlen. Hieraus darf man aber schließen, daß unsere heutigen Atomgewichtszahlen kaum noch in weitergehendem Betrage durch konstante oder zufällige Fehler entstellt sein dürften.

Tiefer greifende Änderungen in den Rechentafeln vorzunehmen lag kein Anlaß vor. Nur wenig Wünsche in betreff weiterer Ausgestaltungen traten an mich heran, so von den Herren Dr. August C. Röttinger-Wien, Dr. H. Stadlinger-Chemnitz, Dr. Th. Dieckmann-Charlottenburg und Stud. Hans Keller-Leipzig. Ich danke diesen Herren für ihre freundliche Mitarbeit und werde von den Anregungen diejenigen, welche augenblicklich noch nicht benutzt werden konnten, in der nächsten Auflage berücksichtigen.

Auf kleine Unrichtigkeiten wurde ich aufmerksam gemacht durch die Herren Professor Dr. A. Thiel-Marburg, Privatdozent Dr. Th. Dieckmann-Charlottenburg, Dipl.-Ing. Alfons Schähle-Regensburg und Stud. Erich Rolle-Greifswald.

Ihnen allen danke ich für die liebenswürdige Bemühung und bitte im Interesse aller Fachgenossen auch um weitere recht eifrige Mitarbeit, damit die Logarithmischen Rechentafeln für Chemiker auch weiterhin auf der Höhe bleiben; denn dadurch, daß sie alljährlich in verbesserter Gestalt jedem wissenschaftlich arbeitenden Chemiker der ganzen Erde in die Hand kommen, gewähren sie die Sicherheit, daß allen chemischen Rechnungen die gleichen Zahlen zugrunde gelegt werden. Und das ist notwendig!

Müncheberg (Mark)
Ostern 1915.

F. W. Küster.

# Inhalt.

## Tafeln.

| | | | | |
|---|---|---|---|---|
| 1 | Ag | Silber | 107,88 | 03 294 |
| 2 | Al | Aluminium | 27,1 | 43 297 |
| 3 | Ar | Argon | 39,88 | 60 076 |
| 4 | As | Arsen | 74,96 | 87 483 |
| 5 | Au | Gold | 197,2 | 29 491 |
| 6 | B | Bor | 11,0 | 04 139 |
| 7 | Ba | Baryum | 137,37 | 13 789 |
| 8 | Be | Beryllium | 9,1 | 95 904 |
| 9 | Bi | Wismut | 208,0 | 31 806 |
| 10 | Br | Brom | 79,92 | 90 266 |
| 11 | C | Kohlenstoff | 12,00 | 07 918 |
| 12 | Ca | Calcium | 40,07 | 60 282 |
| 13 | Cd | Cadmium | 112,40 | 05 077 |
| 14 | Ce | Cerium | 140,25 | 14 690 |
| 15 | Cl | Chlor | 35,46 | 54 974 |
| 16 | Co | Kobalt | 58,97 | 77 063 |
| 17 | Cr | Chrom | 52,0 | 71 600 |
| 18 | Cs | Cäsium | 132,81 | 12 323 |
| 19 | Cu | Kupfer | 63,57 | 80 325 |
| 20 | Dy | Dysprosium | 162,5 | 21 085 |
| 21 | Er | Erbium | 167,7 | 22 453 |
| 22 | Eu | Europium | 152,0 | 18 184 |
| 23 | F | Fluor | 19,0 | 27 875 |
| 24 | Fe | Eisen | 55,84 | 74 695 |
| 25 | Ga | Gallium | 69,9 | 84 448 |
| 26 | Gd | Gadolinium | 157,3 | 19 673 |
| 27 | Ge | Germanium | 72,5 | 86 034 |
| 28 | H | Wasserstoff | 1,008 | 00 346 |
| 29 | He | Helium | 3,99 | 60 097 |
| 30 | Hg | Quecksilber | 200,6 | 30 233 |
| 31 | Ho | Holmium | 163,5 | 21 352 |
| 32 | In | Indium | 114,8 | 05 994 |
| 33 | Ir | Iridium | 193,1 | 28 578 |
| 34 | J | Jod | 126,92 | 10 353 |
| 35 | K | Kalium | 39,10 | 59 218 |
| 36 | Kr | Krypton | 82,92 | 91 855 |
| 37 | La | Lanthan | 139,0 | 14 301 |
| 38 | Li | Lithium | 6,94 | 84 136 |
| 39 | Lu | Lutetium | 174,0 | 24 055 |
| 40 | Mg | Magnesium | 24,32 | 38 596 |
| 41 | Mn | Mangan | 54,93 | 73 981 |
| 42 | Mo | Molybdän | 96,0 | 98 227 |

Erläuterungen zu Tafel I siehe Seite 51.

AG



| | | | | |
|---|---|---|---|---|
| 43 | N | Stickstoff | 14,01 | 14 644 |
| 44 | Na | Natrium | 23,00 | 36 173 |
| 45 | Nb | Niobium | 93,5 | 97 081 |
| 46 | Nd | Neodymium | 144,3 | 15 927 |
| 47 | Ne | Neon | 20,2 | 30 535 |
| 48 | Ni | Nickel | 58,68 | 76 849 |
| 49 | Nt | Niton | 222,4 | 34 713 |
| 50 | O | Sauerstoff | 16,00 | 20 412 |
| 51 | Os | Osmium | 190,9 | 28 081 |
| 52 | P | Phosphor | 31,04 | 49 192 |
| 53 | Pb | Blei | 207,10 | 31 618 |
| 54 | Pd | Palladium | 106,7 | 02 816 |
| 55 | Pr | Praseodymium | 140,6 | 14 799 |
| 56 | Pt | Platin | 195,2 | 29 048 |
| 57 | Ra | Radium | 226,4 | 35 488 |
| 58 | Rb | Rubidium | 85,45 | 93 171 |
| 59 | Rh | Rhodium | 102,9 | 01 242 |
| 60 | Ru | Ruthenium | 101,7 | 00 732 |
| 61 | S | Schwefel | 32,07 | 50 610 |
| 62 | Sb | Antimon | 120,2 | 07 990 |
| 63 | Sc | Skandium | 44,1 | 64 444 |
| 64 | Se | Selen | 79,2 | 89 873 |
| 65 | Si | Silicium | 28,3 | 45 179 |
| 66 | Sm | Samarium | 150,4 | 17 725 |
| 67 | Sn | Zinn | 119,0 | 07 555 |
| 68 | Sr | Strontium | 87,63 | 94 265 |
| 69 | Ta | Tantal | 181,5 | 25 888 |
| 70 | Tb | Terbium | 159,2 | 20 194 |
| 71 | Te | Tellur | 127,5 | 10 551 |
| 72 | Th | Thorium | 232,4 | 36 624 |
| 73 | Ti | Titan | 48,1 | 68 215 |
| 74 | Tl | Thallium | 204,0 | 30 963 |
| 75 | Tu | Thulium | 168,5 | 22 660 |
| 76 | U | Uran | 238,5 | 37 749 |
| 77 | V | Vanadium | 51,0 | 70 757 |
| 78 | W | Wolfram | 184,0 | 26 482 |
| 79 | X | Xenon | 130,2 | 11 461 |
| 80 | Y | Yttrium | 89,0 | 94 939 |
| 81 | Yb | Ytterbium | 172,0 | 23 553 |
| 82 | Zn | Zink | 65,37 | 81 538 |
| 83 | Zr | Zirkonium | 90,6 | 95 713 |

Erläuterungen zu Tafel I siehe Seite 51.

## Die ein- bis sechsfachen Atomgewichte der wichtigste

| | 1 | log | 2 | log | 3 | log |
|---|---|---|---|---|---|---|
| Ag | 107,88 | 03 294 | 215,76 | 33 397 | 323,64 | 51 006 |
| Al | 27,1 | 43 297 | 54,2 | 73 400 | 81,3 | 91 009 |
| As | 74,96 | 87 483 | 149,92 | 17 586 | 224,88 | 35 195 |
| Au | 197,2 | 29 491 | 394,4 | 59 594 | 591,6 | 77 203 |
| B | 11,0 | 04 139 | 22,0 | 34 242 | 33,0 | 51 851 |
| Ba | 137,37 | 13 789 | 274,74 | 43 892 | 412,11 | 61 501 |
| Br | 79,92 | 90 266 | 159,84 | 20 369 | 239,76 | 37 978 |
| C | 12,00 | 07 918 | 24,00 | 38 021 | 36,00 | 55 630 |
| Ca | 40,07 | 60 282 | 80,14 | 90 385 | 120,21 | 07 994 |
| Cl | 35,46 | 54 974 | 70,92 | 85 077 | 106,38 | 02 686 |
| Cr | 52,0 | 71 600 | 104,0 | 01 703 | 156,0 | 19 312 |
| Cu | 63,57 | 80 325 | 127,14 | 10 428 | 190,71 | 28 037 |
| Fe | 55,84 | 74 695 | 111,68 | 04 798 | 167,52 | 22 407 |
| H | 1,008 | 00 346 | 2,016 | 30 449 | 3,024 | 48 058 |
| Hg | 200,6 | 30 233 | 401,2 | 60 336 | 601,8 | 77 945 |
| J | 126,92 | 10 353 | 253,84 | 40 456 | 380,76 | 58 065 |
| K | 39,10 | 59 218 | 78,20 | 89 321 | 117,30 | 06 930 |
| Mg | 24,32 | 38 596 | 48,64 | 68 699 | 72,96 | 86 308 |
| Mn | 54,93 | 73 981 | 109,86 | 04 084 | 164,79 | 21 693 |
| N | 14,01 | 14 644 | 28,02 | 44 747 | 42,03 | 62 356 |
| Na | 23,00 | 36 173 | 46,00 | 66 276 | 69,00 | 83 885 |
| O | 16,000 | 20 412 | 32,000 | 50 515 | 48,000 | 68 124 |
| P | 31,04 | 49 192 | 62,08 | 79 295 | 93,12 | 96 904 |
| Pb | 207,10 | 31 618 | 414,20 | 61 721 | 621,30 | 79 330 |
| Pt | 195,2 | 29 048 | 390,4 | 59 151 | 585,6 | 76 760 |
| S | 32,07 | 50 610 | 64,14 | 80 713 | 96,21 | 98 322 |
| Sb | 120,2 | 07 990 | 240,4 | 38 093 | 360,6 | 55 703 |
| Si | 28,3 | 45 179 | 56,6 | 75 282 | 84,9 | 92 891 |
| Sn | 119,0 | 07 555 | 238,0 | 37 658 | 357,0 | 55 267 |
| Sr | 87,63 | 94 265 | 175,26 | 24 368 | 262,89 | 41 978 |
| Zn | 65,37 | 81 538 | 130,74 | 11 641 | 196,11 | 29 250 |

Erläuterungen zu Tafel II siehe Seite 51.

**Elemente nebst den dazu gehörenden Logarithmen.**

| | 4 | log | 5 | log | 6 | log |
|---|---|---|---|---|---|---|
| Ag | 431,52 | 63 500 | 539,40 | 73 191 | 647,28 | 81 109 |
| Al | 108,4 | 03 503 | 135,5 | 13 194 | 162,6 | 21 112 |
| As | 299,84 | 47 689 | 374,80 | 57 380 | 449,76 | 65 298 |
| Au | 788,8 | 89 697 | 986,0 | 99 388 | 1183,2 | 07 305 |
| B | 44,0 | 64 345 | 55,0 | 74 036 | 66,0 | 81 954 |
| Ba | 549,48 | 73 995 | 686,85 | 83 686 | 824,22 | 91 604 |
| Br | 319,68 | 50 472 | 399,60 | 60 163 | 479,52 | 68 081 |
| C | 48,00 | 68 124 | 60,00 | 77 815 | 72,00 | 85 733 |
| Ca | 160,28 | 20 488 | 200,35 | 30 179 | 240,42 | 38 097 |
| Cl | 141,84 | 15 180 | 177,30 | 24 871 | 212,76 | 32 789 |
| Cr | 208,0 | 31 806 | 260,0 | 41 497 | 312,0 | 49 415 |
| Cu | 254,28 | 40 531 | 317,85 | 50 222 | 381,42 | 58 140 |
| Fe | 223,36 | 34 901 | 279,20 | 44 592 | 335,04 | 52 510 |
| H | 4,032 | 60 552 | 5,040 | 70 243 | 6,048 | 78 161 |
| Hg | 802,4 | 90 439 | 1003,0 | 00 130 | 1203,6 | 08 048 |
| J | 507,68 | 70 559 | 634,60 | 80 250 | 761,52 | 88 168 |
| K | 156,40 | 19 424 | 195,50 | 29 115 | 234,60 | 37 033 |
| Mg | 97,28 | 98 802 | 121,60 | 08 493 | 145,92 | 16 411 |
| Mn | 219,72 | 34 187 | 274,65 | 43 878 | 329,58 | 51 796 |
| N | 56,04 | 74 850 | 70,05 | 84 541 | 84,06 | 92 459 |
| Na | 92,00 | 96 379 | 115,00 | 06 070 | 138,00 | 13 988 |
| O | 64,000 | 80 618 | 80,000 | 90 309 | 96,000 | 98 227 |
| P | 124,16 | 09 398 | 155,20 | 19 089 | 186,24 | 27 007 |
| Pb | 828,40 | 91 824 | 1035,50 | 01 515 | 1242,00 | 09 433 |
| Pt | 780,8 | 89 254 | 976,0 | 98 945 | 1171,2 | 06 864 |
| S | 128,28 | 10 817 | 160,35 | 20 507 | 192,42 | 28 425 |
| Sb | 480,8 | 68 196 | 601,0 | 77 887 | 721,2 | 85 806 |
| Si | 113,2 | 05 385 | 141,5 | 15 076 | 169,8 | 22 994 |
| Sn | 476,0 | 67 761 | 595,0 | 77 452 | 714,0 | 85 370 |
| Sr | 350,52 | 54 471 | 438,15 | 64 162 | 525,78 | 72 081 |
| Zn | 261,48 | 41 744 | 326,85 | 51 435 | 392,22 | 59 353 |

Erläuterungen zu Tafel II siehe Seite 51.

Tafel III

## Höhere Multipla einiger Atomgewichte

| $C_7$ bis $C_{42}$ | log |
|---|---|
| 7: 84,00 | 92 428 |
| 8: 96,00 | 98 227 |
| 9: 108,00 | 03 342 |
| 10: 120,0 | 07 918 |
| 11: 132,0 | 12 057 |
| 12: 144,0 | 15 836 |
| 13: 156,0 | 19 312 |
| 14: 168,0 | 22 531 |
| 15: 180,0 | 25 527 |
| 16: 192,0 | 28 330 |
| 17: 204,0 | 30 963 |
| 18: 216,0 | 33 445 |
| 19: 228,0 | 35 793 |
| 20: 240,0 | 38 021 |
| 21: 252,0 | 40 140 |
| 22: 264,0 | 42 160 |
| 23: 276,0 | 44 091 |
| 24: 288,0 | 45 939 |
| 25: 300,0 | 47 712 |
| 26: 312,0 | 49 415 |
| 27: 324,0 | 51 055 |
| 28: 336,0 | 52 634 |
| 29: 348,0 | 54 158 |
| 30: 360,0 | 55 630 |
| 31: 372,0 | 57 054 |
| 32: 384,0 | 58 433 |
| 33: 396,0 | 59 770 |
| 34: 408,0 | 61 066 |
| 35: 420,0 | 62 325 |
| 36: 432,0 | 63 548 |
| 37: 444,0 | 64 738 |
| 38: 456,0 | 65 896 |
| 39: 468,0 | 67 025 |
| 40: 480,0 | 68 124 |
| 41: 492,0 | 69 197 |
| 42: 504,0 | 70 243 |

| $C_{43}$ bis $C_{58}$ | log |
|---|---|
| 43: 516,0 | 71 265 |
| 44: 528,0 | 72 263 |
| 45: 540,0 | 73 239 |
| 46: 552,0 | 74 194 |
| 47: 564,0 | 75 128 |
| 48: 576,0 | 76 042 |
| 49: 588,0 | 76 938 |
| 50: 600,0 | 77 815 |
| 51: 612,0 | 78 675 |
| 52: 624,0 | 79 518 |
| 53: 636,0 | 80 346 |
| 54: 648,0 | 81 158 |
| 55: 660,0 | 81 954 |
| 56: 672,0 | 82 737 |
| 57: 684,0 | 83 506 |
| 58: 696,0 | 84 261 |

| $H_7$ bis $H_{22}$ | log |
|---|---|
| 7: 7,056 | 84 856 |
| 8: 8,064 | 90 655 |
| 9: 9,072 | 95 770 |
| 10: 10,08 | 00 346 |
| 11: 11,09 | 04 493 |
| 12: 12,10 | 08 279 |
| 13: 13,10 | 11 727 |
| 14: 14,11 | 14 953 |
| 15: 15,12 | 17 955 |
| 16: 16,13 | 20 763 |
| 17: 17,14 | 23 401 |
| 18: 18,14 | 25 864 |
| 19: 19,15 | 28 217 |
| 20: 20,16 | 30 449 |
| 21: 21,17 | 32 572 |
| 22: 22,18 | 34 596 |

| $H_{23}$ bis $H_{58}$ | log |
|---|---|
| 23: 23,18 | 36 511 |
| 24: 24,19 | 38 364 |
| 25: 25,20 | 40 140 |
| 26: 26,21 | 41 847 |
| 27: 27,22 | 43 489 |
| 28: 28,22 | 45 056 |
| 29: 29,23 | 46 583 |
| 30: 30,24 | 48 058 |
| 31: 31,25 | 49 485 |
| 32: 32,26 | 50 866 |
| 33: 33,26 | 52 192 |
| 34: 34,27 | 53 491 |
| 35: 35,28 | 54 753 |
| 36: 36,29 | 55 979 |
| 37: 37,30 | 57 171 |
| 38: 38,30 | 58 320 |
| 39: 39,31 | 59 450 |
| 40: 40,32 | 60 552 |
| 41: 41,33 | 61 627 |
| 42: 42,34 | 62 675 |
| 43: 43,34 | 63 689 |
| 44: 44,35 | 64 689 |
| 45: 45,36 | 65 667 |
| 46: 46,37 | 66 624 |
| 47: 47,38 | 67 560 |
| 48: 48,38 | 68 467 |
| 49: 49,39 | 69 364 |
| 50: 50,40 | 70 243 |
| 51: 51,41 | 71 105 |
| 52: 52,42 | 71 950 |
| 53: 53,42 | 72 770 |
| 54: 54,43 | 73 584 |
| 55: 55,44 | 74 382 |
| 56: 56,45 | 75 166 |
| 57: 57,46 | 75 937 |
| 58: 58,46 | 76 686 |

Erläuterungen zu Tafel III siehe Seite 53.

Tafel III
nebst den dazu gehörenden Logarithmen.

| $O_7$ bis $O_{42}$ | log |
|---|---|
| 7: 112,000... | 04 922 |
| 8: 128,000... | 10 721 |
| 9: 144,000... | 15 836 |
| 10: 160 | 20 412 |
| 11: 176 | 24 551 |
| 12: 192 | 28 330 |
| 13: 208 | 31 806 |
| 14: 224 | 35 025 |
| 15: 240 | 38 021 |
| 16: 256 | 40 824 |
| 17: 272 | 43 457 |
| 18: 288 | 45 939 |
| 19: 304 | 48 287 |
| 20: 320 | 50 515 |
| 21: 336 | 52 634 |
| 22: 352 | 54 654 |
| 23: 368 | 56 585 |
| 24: 384 | 58 433 |
| 25: 400 | 60 206 |
| 26: 416 | 61 909 |
| 27: 432 | 63 548 |
| 28: 448 | 65 128 |
| 29: 464 | 66 652 |
| 30: 480 | 68 124 |
| 31: 496 | 69 548 |
| 32: 512 | 70 927 |
| 33: 528 | 72 263 |
| 34: 544 | 73 560 |
| 35: 560 | 74 819 |
| 36: 576 | 76 042 |
| 37: 592 | 77 232 |
| 38: 608 | 78 390 |
| 39: 624 | 79 518 |
| 40: 640 | 80 618 |
| 41: 656 | 81 690 |
| 42: 672 | 82 737 |

| $Al_7$ bis $Al_{15}$ | log |
|---|---|
| 7: 189,7 | 27 807 |
| 8: 216,8 | 33 606 |
| 9: 243,9 | 38 721 |
| 10: 271 | 43 297 |
| 11: 298 | 47 422 |
| 12: 325 | 51 188 |
| 13: 352 | 54 654 |
| 14: 379 | 57 864 |
| 15: 407 | 60 959 |

| $Br_7$ bis $Br_{12}$ | log |
|---|---|
| 7: 559,44 | 74 775 |
| 8: 639,36 | 80 575 |
| 9: 719,28 | 85 690 |
| 10: 799,2 | 90 266 |
| 11: 879,1 | 94 404 |
| 12: 959,0 | 98 182 |

| $Cl_7$ bis $Cl_{21}$ | log |
|---|---|
| 7: 248,22 | 39 484 |
| 8: 283,68 | 45 283 |
| 9: 319,14 | 50 398 |
| 10: 354,6 | 54 974 |
| 11: 390,1 | 59 118 |
| 12: 425,5 | 62 890 |
| 13: 461,0 | 66 370 |
| 14: 496,4 | 69 583 |
| 15: 532,0 | 72 591 |
| 16: 567,4 | 75 389 |
| 17: 602,9 | 78 025 |
| 18: 638,3 | 80 502 |
| 19: 673,8 | 82 853 |
| 20: 709,2 | 85 077 |
| 21: 744,7 | 87 198 |

| $N_7$ bis $N_{24}$ | log |
|---|---|
| 7: 98,07 | 99 154 |
| 8: 112,08 | 04 953 |
| 9: 126,09 | 10 069 |
| 10: 140,1 | 14 644 |
| 11: 154,1 | 18 780 |
| 12: 168,1 | 22 557 |
| 13: 182,1 | 26 031 |
| 14: 196,1 | 29 248 |
| 15: 210,2 | 32 263 |
| 16: 224,2 | 35 064 |
| 17: 238,2 | 37 694 |
| 18: 252,2 | 40 175 |
| 19: 266,2 | 42 521 |
| 20: 280,2 | 44 747 |
| 21: 294,2 | 46 864 |
| 22: 308,2 | 48 883 |
| 23: 322,2 | 50 813 |
| 24: 336,2 | 52 660 |

| $Si_7$ bis $Si_{21}$ | log |
|---|---|
| 7: 198,1 | 29 687 |
| 8: 226,4 | 35 488 |
| 9: 254,7 | 40 603 |
| 10: 283,0 | 45 179 |
| 11: 311,3 | 49 318 |
| 12: 339,6 | 53 097 |
| 13: 367,9 | 56 573 |
| 14: 396,2 | 59 792 |
| 15: 424,5 | 62 788 |
| 16: 452,8 | 65 591 |
| 17: 481,1 | 68 224 |
| 18: 509,4 | 70 706 |
| 19: 537,7 | 73 054 |
| 20: 566,0 | 75 282 |
| 21: 594,3 | 77 401 |

Erläuterungen zu Tafel III siehe Seite 53.

## Gewichte und Logarithmen häufig gebrauch

| | Gewicht | log | | Gewicht | log |
|---|---|---|---|---|---|
| $Ag_3AsS_3$ | 494,9 | 69 452 | $Bi_2O_3$ | 464,0 | 66 65 |
| AgBr | 187,80 | 27 370 | BiOCl | 259,5 | 41 41 |
| AgCN | 133,89 | 12 675 | $BiPO_4$ | 303,0 | 48 14 |
| AgCl | 143,34 | 15 637 | $Bi_2S_3$ | 512,2 | 70 94 |
| AgJ | 234,80 | 37 070 | $CH_2$ | 14,02 | 14 67 |
| $AgNO_3$ | 169,89 | 23 017 | $CH_3$ | 15,02 | 17 66 |
| $Ag_2O$ | 231,76 | 36 504 | $CH_4$ | 16,03 | 20 49 |
| $Ag_2S$ | 247,83 | 39 415 | $C_2H_2$ | 26,02 | 41 53 |
| $Ag_3SbS_3$ | 540,1 | 73 247 | $C_2H_5$ | 29,04 | 46 30 |
| $Al_2O_3$ | 102,2 | 00 945 | $C_2H_3O$ | 43,02 | 63 36 |
| $Al_2(SO_4)_3 \cdot 18H_2O$ | 666,7 | 82 393 | $C_2H_3O_2$ | 59,02 | 77 10 |
| $As_2O_3$ | 197,92 | 29 649 | $C_6H_5$ | 77,04 | 88 67 |
| $\frac{1}{4}[As_2O_3]$ | 49,48 | 69 443 | $C_7H_5O$ | 105,04 | 02 13 |
| $As_2O_5$ | 229,92 | 36 158 | $C_{20}H_{16}N_4$(Nitron) | 312,2 | 49 44 |
| $AsO_3$ | 122,96 | 08 977 | $C_{20}H_{16}N_4 \cdot HNO_3$ | 375,2 | 57 42 |
| $As_2O_7$ | 261,92 | 41 817 | CN | 26,01 | 41 51 |
| $AsO_4$ | 138,96 | 14 289 | $CO_2$ | 44,00 | 64 34 |
| AsS | 107,03 | 02 950 | $C_2O_4$ | 88,00 | 94 44 |
| $As_2S_3$ | 246,13 | 39 116 | $CO_3$ | 60,00 | 77 81 |
| $As_2S_5$ | 310,27 | 49 174 | $CaC_2$ | 64,07 | 80 66 |
| $B_2O_3$ | 70,0 | 84 510 | $CaCO_3$ | 100,07 | 00 03 |
| $BaCO_3$ | 197,37 | 29 528 | $CaCl_2$ | 110,99 | 04 52 |
| $BaCl_2 \cdot 2H_2O$ | 244,32 | 38 796 | $CaCl_2 \cdot 6H_2O$ | 219,09 | 34 06 |
| $BaCrO_4$ | 253,4 | 40 381 | $CaCl_2O$ | 126,99 | 10 37 |
| $Ba(NO_3)_2$ | 261,39 | 41 729 | $\frac{1}{2}[CaCl_2O]$ | 63,50 | 80 27 |
| BaO | 153,37 | 18 574 | $CaF_2$ | 78,1 | 89 26 |
| $Ba(OH)_2 \cdot 8H_2O$ | 315,51 | 49 901 | $CaHPO_4 \cdot 2H_2O$ | 172,15 | 23 59 |
| $\frac{1}{2}[Ba(OH)_2 . 8H_2O]$ | 157,76 | 19 800 | CaO | 56,07 | 74 87 |
| $BaSO_4$ | 233,44 | 36 818 | $Ca(OH)_2$ | 74,09 | 86 97 |
| $BaSiF_6$ | 279,7 | 44 669 | $Ca_3(PO_4)_2$ | 310,29 | 49 17 |
| BeO | 25,1 | 39 967 | $CaSO_4$ | 136,14 | 13 39 |
| | | | $CaSO_4 \cdot 2H_2O$ | 172,17 | 23 59 |
| | | | $CaSiO_3$ | 116,4 | 06 59 |

Erläuterungen zu Tafel IV siehe Seite 53.

MG



## olekeln, Atomgruppen und Äquivalente.

| | Gewicht | log | | Gewicht | log |
|---|---|---|---|---|---|
| $CdO$ | 128,40 | 10 857 | $Cu_2O$ | 143,14 | 15 576 |
| $CdS$ | 144,47 | 15 978 | $CuO$ | 79,57 | 90 075 |
| $CdSO_4$ | 208,47 | 31 905 | $Cu_2S$ | 159,21 | 20 197 |
| $CdSO_4 \cdot \frac{8}{3}H_2O$ | 256,51 | 40 911 | $CuS$ | 95,64 | 98 064 |
| $Ce_3O_4$ | 484,75 | 68 552 | $CuSO_4$ | 159,64 | 20 314 |
| $Ce_2O_3$ | 328,50 | 51 654 | $CuSO_4 \cdot 5H_2O$ | 249,72 | 39 745 |
| $CeO_2$ | 172,25 | 23 626 | $Er_2O_3$ | 382,8 | 58 297 |
| $CeO_3$ | 188,25 | 27 474 | $FeAs_2$ | 205,76 | 31 336 |
| $Ce_2(SO_4)_3 \cdot 8H_2O$ | 712,84 | 85 299 | $FeAsS$ | 162,83 | 21 173 |
| $Cl_2O_5$ | 150,92 | 17 875 | $FeCO_3$ | 115,84 | 06 386 |
| $ClO_3$ | 83,46 | 92 148 | $FeCl_2 \cdot 4H_2O$ | 198,82 | 29 846 |
| $ClO_4$ | 99,46 | 99 765 | $FeCl_3$ | 162,22 | 21 010 |
| $CoAs_2$ | 208,89 | 31 992 | $Fe(CrO_2)_2$ | 223,9 | 35 005 |
| $CoAsS$ | 166,00 | 22 011 | $FeO$ | 71,84 | 85 637 |
| $CoO$ | 74,97 | 87 489 | $Fe_3O_4$ | 231,52 | 36 459 |
| $Co_3O_4$ | 240,91 | 38 186 | $Fe_2O_3$ | 159,68 | 20 325 |
| $CoSO_4$ | 155,04 | 19 044 | $FePO_4$ | 150,88 | 17 863 |
| $CoSO_4 \cdot 7H_2O$ | 281,15 | 44 894 | $FeS$ | 87,91 | 94 404 |
| $CrO$ | 68,0 | 83 251 | $Fe_7S_8$ | 647,44 | 81 120 |
| $Cr_3O_4$ | 220,0 | 34 242 | $FeS_2$ | 119,98 | 07 911 |
| $Cr_2O_3$ | 152,0 | 18 184 | $FeSO_4$ | 151,91 | 18 159 |
| $CrO_3$ | 100,0 | 00 000 | $FeSO_4 \cdot 7H_2O$ | 278,02 | 44 408 |
| $Cr_2O_7$ | 216,0 | 33 445 | $H_3BO_3$ | 62,0 | 79 239 |
| $CrO_4$ | 116,0 | 06 446 | $HBr$ | 80,93 | 90 811 |
| $Cs_2SO_4$ | 361,69 | 55 834 | $H \cdot C_2H_3O_2$ | 60,03 | 77 837 |
| $CuCNS$ | 121,65 | 08 510 | $HCN$ | 27,02 | 43 169 |
| $CuCO_3 \cdot Cu(OH)_2$ | 221,16 | 34 471 | $HCNS$ | 59,09 | 77 151 |
| $2CuCO_3 \cdot Cu(OH)_2$ | 344,73 | 53 748 | $HCO_2$ | 45,01 | 65 331 |
| $CuFeS_2$ | 183,55 | 26 375 | $H_2C_2O_4$ | 90,02 | 95 434 |

Erläuterungen zu Tafel IV siehe Seite 53.

## Gewichte und Logarithmen häufig gebrauck

| | Gewicht | log | | Gewicht | log |
|---|---|---|---|---|---|
| $H_2C_2O_4 \cdot 2H_2O$ | 126,05 | 10 055 | $KAl(SO_4)_2 \cdot 12H_2O$ | 474,5 | 67 6 |
| $\frac{1}{2}[H_2C_2O_4 \cdot 2H_2O]$ | 63,02 | 79 948 | $KAlSi_3O_8$ | 279,1 | 44 5 |
| $HCl$ | 36,47 | 56 194 | $KBr$ | 119,02 | 07 5 |
| $HClO_4$ | 100,47 | 00 204 | $KCN$ | 65,11 | 81 3 |
| $H_2Cr_2O_7$ | 218,0 | 33 846 | $KCNS$ | 97,18 | 98 7 |
| $H_2CrO_4$ | 118,0 | 07 188 | $K_2CO_3$ | 138,20 | 14 0 |
| $HF$ | 20,0 | 30 103 | $KCl$ | 74,56 | 87 2 |
| $H_3Fe(CN)_6$ | 214,92 | 33 228 | $KClO_3$ | 122,56 | 08 8 |
| $H_4Fe(CN)_6$ | 215,93 | 33 431 | $KClO_4$ | 138,56 | 14 1 |
| $HJ$ | 127,93 | 10 697 | $K_3Co(NO_2)_6$ | 452,33 | 65 5 |
| $HJO_3$ | 175,93 | 24 534 | $K_2CrO_4$ | 194,2 | 28 8 |
| $HNO_3$ | 63,02 | 79 948 | $K_2Cr_2O_7$ | 294,2 | 46 8 |
| $HO$ | 17,008 | 23 065 | $\frac{1}{6}[K_2Cr_2O_7]$ | 49,03 | 69 0 |
| $H_2O$ | 18,016 | 25 565 | $KCr(SO_4)_2 \cdot 12H_2O$ | 499,4 | 69 8 |
| $\frac{1}{2}H_2O$ | 9,008 | 95 463 | $K_2Cu(SO_4)_2 \cdot$ | | |
| $H_2O_2$ | 34,016 | 53 168 | $6H_2O$ | 442,01 | 64 5 |
| $H_3PO_4$ | 98,06 | 99 149 | $K_3Fe(CN)_6$ | 329,20 | 51 7 |
| $H_2PtCl_6$ | 410,0 | 61 278 | $K_4Fe(CN)_6$ | 368,30 | 56 6 |
| $H_2S$ | 34,09 | 53 263 | $K_4Fe(CN)_6 \cdot 3H_2O$ | 422,35 | 62 5 |
| $H_2S_2O_3$ | 114,16 | 05 752 | $KFe(SO_4)_2 \cdot$ | | |
| $H_2SO_3$ | 82,09 | 91 429 | $12H_2O$ | 503,27 | 70 1 |
| $H_2SO_4$ | 98,09 | 99 162 | $KH(JO_3)_2$ | 389,95 | 59 1 |
| $\frac{1}{2}[H_2SO_4]$ | 49,04 | 69 055 | $\frac{1}{12}KH(JO_3)_2$ | 32,496 | 51 1 |
| $H_2S_2O_8$ | 194,16 | 28 816 | $KJ$ | 166,02 | 22 01 |
| $\frac{1}{2}[H_2S_2O_8]$ | 97,08 | 98 713 | $KJO_3$ | 214,02 | 33 04 |
| $H_2SiF_6$ | 144,3 | 15 927 | $\frac{1}{6}KJO_3$ | 35,670 | 55 23 |
| $HgCl$ | 236,1 | 37 310 | $KMnO_4$ | 158,03 | 19 87 |
| $HgCl_2$ | 271,5 | 43 377 | $2KMnO_4$ | 316,06 | 49 97 |
| $HgS$ | 232,7 | 36 680 | $\frac{1}{5}KMnO_4$ | 31,61 | 49 97 |
| $J_2O_5$ | 333,84 | 52 354 | $KNO_2$ | 85,11 | 92 99 |
| $JO_3$ | 174,92 | 24 284 | $KNO_3$ | 101,11 | 00 47 |

Erläuterungen zu Tafel IV siehe Seite 53.

## [olekeln, Atomgruppen und Äquivalente.

| | Gewicht | log | | Gewicht | log |
|---|---|---|---|---|---|
| $KNaC_4H_4O_6\cdot$ | 282,20 | 45 056 | $NH_2$ | 16,03 | 20 493 |
| $K_2O$ [$4H_2O$ | 94,20 | 97 405 | $NH_3$ | 17,03 | 23 121 |
| $KOH$ | 56,11 | 74 904 | $NH_4$ | 18,04 | 25 624 |
| $K_2PtCl_6$ | 486,2 | 68 681 | $(NH_4)CNS$ | 76,12 | 88 150 |
| $K_2SO_4$ | 174,27 | 24 123 | $(NH_4)_2C_2O_4\cdot H_2O$ | 142,10 | 15 259 |
| $K(SbO)C_4H_4O_6\cdot$ | 332,3 | 52 153 | $(NH_4)Cl$ | 53,50 | 72 835 |
| $K_2SiF_6$ [$\frac{1}{2}H_2O$ | 220,5 | 34 341 | $(NH_4)Fe(SO_4)_2\cdot 12H_2O$ | 482,21 | 68 324 |
| $La_2O_3$ | 326,0 | 51 322 | $(NH_4)HS$ | 51,12 | 70 859 |
| $LiCl$ | 42,40 | 62 737 | $(NH_4MgAsO_4)_2\cdot H_2O$ | 380,66 | 58 054 |
| $Li_2O$ | 29,88 | 47 538 | $(NH_4)NaHPO_4\cdot 4H_2O$ | 209,15 | 32 046 |
| $Li_2SO_4$ | 109,95 | 04 120 | $(NH_4)OH$ | 35,05 | 54 469 |
| $Mg(AlO_2)_2$ | 142,5 | 15 381 | $(NH_4)_3PO_4\cdot 12MoO_3$ | 1877 | 27 346 |
| $Mg_2As_2O_7$ | 310,56 | 49 214 | $(NH_4)_2PtCl_6$ | 444,0 | 64 738 |
| $MgCO_3$ | 84,32 | 92 593 | $(NH_4)_2S$ | 68,15 | 83 347 |
| $MgCl_2$ | 95,24 | 97 882 | $(NH_4)_2SO_4$ | 132,15 | 12 107 |
| $MgCl_2\cdot 6H_2O$ | 203,34 | 30 822 | $(NH_4)_2SO_4\cdot FeSO_4\cdot 6H_2O$ | 392,16 | 59 346 |
| $MgO$ | 40,32 | 60 552 | $N_2O$ | 44,02 | 64 365 |
| $Mg_2P_2O_7$ | 222,72 | 34 776 | $NO$ | 30,01 | 47 727 |
| $MgSO_4$ | 120,39 | 08 059 | $N_2O_3$ | 76,02 | 88 093 |
| $MgSO_4\cdot 7H_2O$ | 246,50 | 39 182 | $NO_2$ | 46,01 | 66 285 |
| $MnCO_3$ | 114,93 | 06 043 | $N_2O_5$ | 108,02 | 03 350 |
| $MnO$ | 70,93 | 85 083 | $NO_3$ | 62,01 | 79 246 |
| $Mn_3O_4$ | 228,79 | 35 944 | $NaAlSi_3O_8$ | 263,0 | 41 996 |
| $Mn_2O_3$ | 157,86 | 19 827 | | | |
| $MnO_2$ | 86,93 | 93 917 | | | |
| $Mn_2O_7$ | 221,86 | 34 608 | | | |
| $\frac{1}{2}[MnO_2]$ | 43,47 | 63 819 | | | |
| $Mn_2P_2O_7$ | 283,94 | 45 323 | | | |
| $MnS$ | 87,00 | 93 952 | | | |
| $MnSO_4$ | 151,00 | 17 898 | | | |
| $MnSO_4\cdot 5H_2O$ | 241,08 | 38 217 | | | |
| $MoO_3$ | 144,0 | 15 836 | | | |
| $MoS_2$ | 160,1 | 20 439 | | | |

Erläuterungen zu Tafel IV siehe Seite 53.

## Gewichte und Logarithmen häufig gebraucht

| | Gewicht | log | | Gewicht | log |
|---|---|---|---|---|---|
| $Na_2Al_2H_4(SiO_4)_3$ | 381,1 | 58 104 | $Na_2SO_4 \cdot 10H_2O$ | 322,23 | 50 81 |
| $Na_2B_4O_7$ | 202,0 | 30 535 | $Na_2SnO_3 \cdot 3H_2O$ | 267,0 | 42 65 |
| $Na_2B_4O_7 \cdot 10H_2O$ | 382,2 | 58 229 | $Na_2U_2O_7$ | 635,0 | 80 27 |
| $\frac{1}{2}[Na_2B_4O_7 \cdot 10H_2O]$ | 191,1 | 28 126 | $Na_2U_2O_7 \cdot 6H_2O$ | 743,1 | 87 10 |
| NaBr | 102,92 | 01 250 | $Nb_2O_5$ | 267,0 | 42 65 |
| $NaC_2H_3O_2 \cdot 3H_2O$ | 136,07 | 13 376 | $Nd_2O_3$ | 336,6 | 52 71 |
| $Na_2CO_3$ | 106,00 | 02 531 | NiAs | 133,64 | 12 59 |
| $\frac{1}{2}[Na_2CO_3]$ | 53,00 | 72 428 | NiO | 74,68 | 87 32 |
| $Na_2CO_3 \cdot 10H_2O$ | 286,16 | 45 661 | $NiSO_4$ | 154,75 | 18 96 |
| NaCl | 58,46 | 76 686 | $NiSO_4 \cdot 7H_2O$ | 280,86 | 44 84 |
| $Na_2Cr_2O_7 \cdot 2H_2O$ | 298,0 | 47 422 | OH | 17,008 | 23 06 |
| NaF | 42,0 | 62 325 | $PCl_3$ | 137,42 | 13 80 |
| $NaHCO_3$ | 84,01 | 92 433 | $PCl_5$ | 208,34 | 31 87 |
| $Na_2HPO_4 \cdot 12H_2O$ | 358,24 | 55 418 | $P_2O_3$ | 110,08 | 04 17 |
| NaHS | 56,08 | 74 881 | $P_2O_5$ | 142,08 | 15 25 |
| $NaHSO_3$ | 104,08 | 01 737 | $P_2O_7$ | 174,08 | 24 07 |
| $NaHSO_4$ | 120,08 | 07 947 | $PO_4$ | 95,04 | 97 79 |
| $NaJO_3$ | 197,92 | 29 649 | $P_2O_5 \cdot 24MoO_3$ | 3598 | 55 60 |
| $NaNO_2$ | 69,01 | 83 891 | $Pb(C_2H_3O_2)_2 \cdot 3H_2O$ | 379,20 | 57 88 |
| $NaNO_3$ | 85,01 | 92 947 | $PbCO_3$ | 267,10 | 42 66 |
| $Na_2O$ | 62,00 | 79 239 | $PbCl_2$ | 278,02 | 44 40 |
| $Na_2O_2$ | 78,00 | 89 209 | $PbCrO_4$ | 323,1 | 50 93 |
| NaOH | 40,01 | 60 217 | $Pb(NO_3)_2$ | 331,12 | 51 99 |
| $NaPO_3$ | 102,04 | 00 877 | PbO | 223,10 | 34 85 |
| $Na_4P_2O_7$ | 266,08 | 42 501 | $Pb_2O_3$ | 462,20 | 66 48 |
| $Na_2S$ | 78,07 | 89 248 | $Pb_3O_4$ | 685,30 | 83 58 |
| $Na_2S_2O_3 \cdot 5H_2O$ | 248,22 | 39 484 | $PbO_2$ | 239,10 | 37 85 |
| $Na_2SO_3 \cdot 7H_2O$ | 252,18 | 40 171 | PbS | 239,17 | 37 87 |
| $Na_2SO_4$ | 142,07 | 15 250 | $PbSO_4$ | 303,17 | 48 16 |

Erläuterungen zu Tafel IV siehe Seite 53.

## olekeln, Atomgruppen und Äquivalente.

| | Gewicht | log | | Gewicht | log |
|---|---|---|---|---|---|
| $PdJ_2$ | 360,5 | 55 691 | $SnCl_2$ | 189,9 | 27 852 |
| $Pr_4O_7$ | 674,4 | 82 892 | $SnCl_2 \cdot 2H_2O$ | 226,0 | 35 411 |
| $PtCl_4$ | 337,0 | 52 763 | $SnCl_4$ | 260,8 | 41 631 |
| $PtCl_6$ | 408,0 | 61 066 | $SnO$ | 135,0 | 13 033 |
| $Rb_2SO_4$ | 266,97 | 42 646 | $SnO_2$ | 151,0 | 17 898 |
| $S_2Cl_2$ | 135,06 | 13 053 | $SrCO_3$ | 147,63 | 16 918 |
| $SO_2$ | 64,07 | 80 665 | $Sr(NO_3)_2$ | 211,65 | 32 562 |
| $SO_3$ | 80,07 | 90 347 | $SrO$ | 103,63 | 01 549 |
| $SO_4$ | 96,07 | 98 259 | $Sr(OH)_2 \cdot 8H_2O$ | 265,78 | 42 452 |
| $Sb_2O_3$ | 288,4 | 46 000 | $SrSO_4$ | 183,70 | 26 411 |
| $Sb_2O_4$ | 304,4 | 48 344 | $Ta_2O_5$ | 442,0 | 64 542 |
| $Sb_2O_5$ | 320,4 | 50 569 | $TeO_2$ | 159,5 | 20 276 |
| $SbOCl$ | 171,7 | 23 477 | $TeO_3$ | 175,5 | 24 428 |
| $Sb_2S_3$ | 336,6 | 52 711 | $Th(NO_3)_4 \cdot 4H_2O$ | 552,52 | 74 235 |
| $Sb_2S_5$ | 400,8 | 60 293 | $Th(NO_3)_4 \cdot 12H_2O$ | 696,65 | 84 301 |
| $SbS_3$ | 216,4 | 33 526 | $ThO_2$ | 264,42 | 42 229 |
| $SbS_4$ | 248,5 | 39 533 | $TiO_2$ | 80,1 | 90 363 |
| $Sc_2O_3$ | 136,2 | 13 418 | $UO_2$ | 270,5 | 43 217 |
| $SeO_2$ | 111,2 | 04 610 | $U_3O_8$ | 843,5 | 92 609 |
| $SeO_3$ | 127,2 | 10 449 | $U_2P_2O_{11}$ | 715,1 | 85 437 |
| $SiF_4$ | 104,3 | 01 828 | $V_2O_5$ | 182,0 | 26 007 |
| $SiF_6$ | 142,3 | 15 320 | $WO_3$ | 232,0 | 36 549 |
| $SiO_2$ | 60,3 | 78 032 | $Y_2O_3$ | 226,0 | 35 411 |
| $Si_3O_8$ | 212,9 | 32 818 | $Yb_2O_3$ | 392 | 59 329 |
| $SiO_3$ | 76,3 | 88 252 | $ZnCO_3$ | 125,37 | 09 820 |
| $Si_2O_7$ | 168,6 | 22 686 | $ZnCl_2$ | 136,29 | 13 447 |
| $SiO_4$ | 92,3 | 96 520 | $Zn(NH_4)PO_4$ | 178,45 | 25 152 |
| $Sm_2O_3$ | 348,8 | 54 258 | $ZnO$ | 81,37 | 91 046 |
| | | | $Zn_2P_2O_7$ | 304,82 | 48 404 |
| | | | $ZnS$ | 97,44 | 98 874 |
| | | | $ZnSO_4 \cdot 7H_2O$ | 287,55 | 45 872 |
| | | | $ZrO_2$ | 122,6 | 08 849 |

Erläuterungen zu Tafel IV siehe Seite 53.

## Multipla mit Logarithmen einige

$H_2O$ Seite 19.

| | 2 | log | 3 | log | 4 | log |
|---|---|---|---|---|---|---|
| $Al_2O_3$ | 204,4 | 31 048 | 306,6 | 48 657 | 408,8 | 61 151 |
| $CH_2$ | 28,03 | 44 762 | 42,05 | 62 377 | 56,06 | 74 865 |
| $CH_3$ | 30,05 | 47 784 | 45,07 | 65 389 | 60,10 | 77 887 |
| $C_2H_5$ | 58,08 | 76 403 | 87,12 | 94 012 | 116,16 | 06 506 |
| $C_2H_3O$ | 86,05 | 93 475 | 129,07 | 11 083 | 172,10 | 23 578 |
| $C_7H_5O$ | 210,08 | 32 239 | 315,12 | 49 848 | 420,16 | 62 342 |
| $CN$ | 52,02 | 71 617 | 78,03 | 89 226 | 104,04 | 01 720 |
| $CO_2$ | 88,00 | 94 448 | 132,00 | 12 057 | 176,00 | 24 551 |
| $CO_3$ | 120,00 | 07 918 | 180,00 | 25 527 | 240,00 | 38 021 |
| $CaO$ | 112,14 | 04 976 | 168,21 | 22 585 | 224,28 | 35 079 |
| $Cr_2O_3$ | 304,0 | 48 287 | 456,0 | 65 896 | 608,0 | 78 390 |
| $CuO$ | 159,14 | 20 178 | 238,71 | 37 787 | 318,28 | 50 281 |
| $FeO$ | 143,68 | 15 740 | 215,52 | 33 349 | 287,36 | 45 843 |
| $Fe_2O_3$ | 319,36 | 50 428 | 479,04 | 68 037 | 638,72 | 80 531 |
| $HCO_2$ | 90,02 | 95 434 | 135,02 | 13 040 | 180,03 | 25 534 |
| $HCl$ | 72,94 | 86 297 | 109,40 | 03 902 | 145,87 | 16 397 |
| $HNO_3$ | 126,04 | 10 051 | 189,05 | 27 658 | 252,07 | 40 152 |
| $H_2SO_4$ | 196,17 | 29 263 | 294,26 | 46 873 | 392,34 | 59 366 |
| $K_2O$ | 188,40 | 27 508 | 282,60 | 45 117 | 376,80 | 57 611 |
| $MgO$ | 80,64 | 90 655 | 120,96 | 08 265 | 161,28 | 20 758 |
| $NH_2$ | 32,05 | 50 583 | 48,08 | 68 196 | 64,10 | 80 686 |
| $NH_4$ | 36,08 | 55 727 | 54,13 | 73 344 | 72,17 | 85 836 |
| $NO_3$ | 124,02 | 09 349 | 186,03 | 26 958 | 248,04 | 39 452 |
| $Na_2O$ | 124,00 | 09 342 | 186,00 | 26 951 | 248,00 | 39 445 |
| $OH$ | 34,016 | 53 168 | 51,024 | 70 778 | 68,032 | 83 271 |
| $PO_4$ | 190,08 | 27 893 | 285,12 | 45 503 | 380,16 | 57 997 |
| $P_2O_5$ | 284,16 | 45 356 | 426,24 | 62 965 | 568,32 | 75 459 |
| $SO_2$ | 128,14 | 10 769 | 192,21 | 28 377 | 256,28 | 40 872 |
| $SO_3$ | 160,14 | 20 450 | 240,21 | 38 059 | 320,28 | 50 553 |
| $SO_4$ | 192,14 | 28 362 | 288,21 | 45 971 | 384,28 | 58 465 |
| $SiO_2$ | 120,6 | 08 135 | 180,9 | 25 744 | 241,2 | 38 238 |
| $SiO_3$ | 152,6 | 18 355 | 228,9 | 35 965 | 305,2 | 48 458 |
| $Si_2O_7$ | 337,2 | 52 789 | 505,8 | 70 398 | 674,4 | 82 892 |
| $SiO_4$ | 184,6 | 26 623 | 276,9 | 44 232 | 369,2 | 56 726 |

Erläuterungen zu Tafel V siehe Seite 54.

## Molekeln und Atomgruppen. || Wasser.

| | 5 | log | 6 | log | $H_2O$ | log |
|---|---|---|---|---|---|---|
| $Al_2O_3$ | 511,0 | 70 842 | 613,2 | 78 760 | 1: 18,016 | 25 565 |
| $CH_2$ | 70,08 | 84 559 | 84,10 | 92 480 | 2: 36,032 | 55 669 |
| $CH_3$ | 75,12 | 87 576 | 90,14 | 95 492 | 3: 54,048 | 73 277 |
| $C_2H_5$ | 145,20 | 16 197 | 174,24 | 24 115 | 4: 72,064 | 85 771 |
| $C_2H_3O$ | 215,12 | 33 268 | 258,14 | 41 186 | 5: 90,08 | 95 463 |
| $C_7H_5O$ | 525,20 | 72 032 | 630,24 | 79 951 | 6: 108,10 | 03 381 |
| $CN$ | 130,05 | 11 411 | 156,06 | 19 329 | 7: 126,11 | 10 076 |
| $CO_2$ | 220,00 | 34 242 | 264,00 | 42 160 | 8: 144,13 | 15 875 |
| $CO_3$ | 300,00 | 47 712 | 360,00 | 55 630 | 9: 162,14 | 20 990 |
| $CaO$ | 280,35 | 44 770 | 336,42 | 52 688 | 10: 180,16 | 25 565 |
| $Cr_2O_3$ | 760,0 | 88 081 | 912,0 | 95 999 | 11: 198,18 | 29 706 |
| $CuO$ | 397,85 | 59 972 | 477,42 | 67 890 | 12: 216,19 | 33 484 |
| $FeO$ | 359,20 | 55 534 | 431,04 | 63 452 | 13: 234,21 | 36 961 |
| $Fe_2O_3$ | 798,4 | 90 222 | 958,1 | 98 141 | 14: 252,22 | 40 178 |
| $HCO_2$ | 225,04 | 35 226 | 270,05 | 43 144 | 15: 270,24 | 43 175 |
| $HCl$ | 182,34 | 26 088 | 218,81 | 34 007 | 16: 288,26 | 45 978 |
| $HNO_3$ | 315,09 | 49 844 | 378,11 | 57 762 | 17: 306,27 | 48 611 |
| $H_2SO_4$ | 490,43 | 69 058 | 588,45 | 76 971 | 18: 324,29 | 51 094 |
| $K_2O$ | 471,00 | 67 302 | 565,20 | 75 220 | 19: 342,30 | 53 441 |
| $MgO$ | 201,60 | 30 449 | 241,92 | 38 368 | 20: 360,32 | 55 668 |
| $NH_2$ | 80,13 | 90 380 | 96,16 | 98 299 | 21: 378,34 | 57 788 |
| $NH_4$ | 90,21 | 95 525 | 108,25 | 03 443 | 22: 396,35 | 59 808 |
| $NO_3$ | 310,05 | 49 143 | 372,06 | 57 061 | 23: 414,37 | 61 739 |
| $Na_2O$ | 310,0 | 49 136 | 372,0 | 57 054 | 24: 432,38 | 63 587 |
| $OH$ | 85,040 | 92 962 | 102,048 | 00 880 | 25: 450,40 | 65 360 |
| $PO_4$ | 475,20 | 67 688 | 570,24 | 75 606 | 26: 468,42 | 67 064 |
| $P_2O_5$ | 710,4 | 85 150 | 852,5 | 93 069 | 27: 486,43 | 68 702 |
| $SO_2$ | 320,35 | 50 563 | 384,42 | 58 480 | 28: 504,45 | 70 282 |
| $SO_3$ | 400,35 | 60 245 | 480,42 | 68 162 | 29: 522,46 | 71 805 |
| $SO_4$ | 480,35 | 68 156 | 576,42 | 76 074 | 30: 540,48 | 73 278 |
| $SiO_2$ | 301,5 | 47 929 | 361,8 | 55 847 | 31: 558,50 | 74 702 |
| $SiO_3$ | 381,5 | 58 149 | 457,8 | 66 068 | 32: 576,51 | 76 081 |
| $Si_2O_7$ | 843 | 92 583 | 1012 | 00 518 | 33: 594,53 | 77 417 |
| $SiO_4$ | 461,5 | 66 417 | 553,8 | 74 335 | 34: 612,54 | 78 713 |

Erläuterungen zu Tafel V siehe Seite 54.

Tafel zum Berechne

| Gesucht | Gefunden | Faktor | log |
|---|---|---|---|
| Ag | AgBr | 0,5744 | 75 924 |
| | AgCl | 0,7526 | 87 657 |
| | $Ag_2S$ | 0,8706 | 93 982 |
| Al | $Al_2O_3$ | 0,5303 | 72 455 |
| As | $As_2S_3$ | 0,6091 | 78 470 |
| | $As_2S_5$ | 0,4832 | 68 412 |
| | $(NH_4MgAsO_4)_2 \cdot H_2O$ | 0,3939 | 59 532 |
| | $Mg_2As_2O_7$ | 0,4827 | 68 372 |
| | $Mg_2P_2O_7$ | 0,6731 | 82 810 |
| | $BaSO_4$ | 0,2140 | 33 056 |
| $As_2O_3$ | $As_2S_3$ | 0,8041 | 90 533 |
| | $As_2S_5$ | 0,6379 | 80 475 |
| | $(NH_4MgAsO_4)_2 \cdot H_2O$ | 0,5200 | 71 595 |
| | $Mg_2As_2O_7$ | 0,6373 | 80 435 |
| | $Mg_2P_2O_7$ | 0,8886 | 94 873 |
| | $BaSO_4$ | 0,2826 | 45 119 |
| $As_2O_5$ | $As_2S_3$ | 0,9342 | 97 042 |
| | $As_2S_5$ | 0,7410 | 86 984 |
| | $(NH_4MgAsO_4)_2 \cdot H_2O$ | 0,6040 | 78 104 |
| | $Mg_2As_2O_7$ | 0,7404 | 86 944 |
| | $Mg_2P_2O_7$ | 1,0323 | 01 382 |
| | $BaSO_4$ | 0,3283 | 51 628 |
| $AsO_3$ | $As_2S_3$ | 0,9992 | 99 964 |
| | $As_2S_5$ | 0,7925 | 89 906 |
| | $(NH_4MgAsO_4)_2 \cdot H_2O$ | 0,6461 | 81 026 |
| | $Mg_2As_2O_7$ | 0,7919 | 89 866 |
| | $Mg_2P_2O_7$ | 1,1042 | 04 304 |
| | $BaSO_4$ | 0,3512 | 54 550 |

Erläuterungen zu Tafel VI siehe Seite 54.

## An.



| Gesucht | Gefunden | Faktor | log |
|---|---|---|---|
| $AsO_4$ | $As_2S_3$ | 1,1291 | 05 276 |
| | $As_2S_5$ | 0,8958 | 95 218 |
| | $(NH_4MgAsO_4)_2 \cdot H_2O$ | 0,7299 | 86 338 |
| | $Mg_2As_2O_7$ | 0,8950 | 95 178 |
| | $Mg_2P_2O_7$ | 1,2479 | 09 616 |
| | $BaSO_4$ | 0,3968 | 59 862 |
| Ba | $BaCO_3$ | 0,6960 | 84 261 |
| | $BaCrO_4$ | 0,5421 | 73 408 |
| | $BaSO_4$ | 0,5885 | 76 971 |
| | $BaSiF_6$ | 0,4911 | 69 120 |
| $BaCO_3$ | $BaCrO_4$ | 0,7788 | 89 147 |
| $Ba(NO_3)_2$ | $BaCrO_4$ | 1,0311 | 01 348 |
| BaO | $BaCO_3$ | 0,7771 | 89 046 |
| | $BaCrO_4$ | 0,6052 | 78 193 |
| | $BaSO_4$ | 0,6570 | 81 756 |
| | $BaSiF_6$ | 0,5483 | 73 905 |
| Be | BeO | 0,3626 | 55 937 |
| Bi | $Bi_2O_3$ | 0,8965 | 95 257 |
| | BiOCl | 0,8015 | 90 392 |
| | $BiPO_4$ | 0,6865 | 83 662 |
| | $Bi_2S_3$ | 0,8122 | 90 965 |
| Br | AgBr | 0,4256 | 62 896 |
| C | $CO_2$ | 0,2727 | 43 573 |
| CN | AgCN | 0,1943 | 28 839 |
| $CO_2$ | $CaCO_3$ | 0,4396 | 64 306 |
| | CaO | 0,7844 | 89 456 |
| | MgO | 1,0913 | 03 793 |
| $CO_3$ | $CO_2$ | 1,3636 | 13 470 |

Erläuterungen zu Tafel VI siehe Seite 54.

## Tafel zum Berechnen

| Gesucht | Gefunden | Faktor | log |
|---|---|---|---|
| Ca | $CaCO_3$ | 0,4004 | 60 252 |
| | CaO | 0,7147 | 85 409 |
| | $CaSO_4$ | 0,2943 | 46 883 |
| $CaCO_3$ | CaO | 1,7847 | 25 157 |
| | $CaSO_4$ | 0,7350 | 86 631 |
| CaO | $CO_2$ | 1,2743 | 10 528 |
| | $CaCO_3$ | 0,5603 | 74 843 |
| | $CaSO_4$ | 0,4119 | 61 474 |
| | $CaSO_4 \cdot 2H_2O$ | 0,3257 | 51 277 |
| $Ca_3(PO_4)_2$ | CaO | 1,8447 | 26 592 |
| | $Mg_2P_2O_7$ | 1,3932 | 14 401 |
| $CaSO_4$ | $BaSO_4$ | 0,5832 | 76 581 |
| Cd | CdO | 0,8754 | 94 220 |
| | $CdSO_4$ | 0,5392 | 73 172 |
| CdO | $CdSO_4$ | 0,6159 | 78 952 |
| Ce | $Ce_2O_3$ | 0,8539 | 93 139 |
| | $CeO_2$ | 0,8140 | 91 064 |
| Cl | Ag | 0,3287 | 51 680 |
| | AgCl | 0,2474 | 39 337 |
| Co | $CoSO_4$ | 0,3804 | 58 019 |
| CoO | Co | 1,2713 | 10 426 |
| | $CoSO_4$ | 0,4836 | 68 445 |
| Cr | $BaCrO_4$ | 0,2052 | 31 219 |
| | $Cr_2O_3$ | 0,6842 | 83 519 |
| | $PbCrO_4$ | 0,1609 | 20 666 |
| $Cr_2O_3$ | $BaCrO_4$ | 0,2999 | 47 700 |
| | $PbCrO_4$ | 0,2352 | 37 147 |
| $CrO_3$ | $BaCrO_4$ | 0,3947 | 59 619 |
| | $Cr_2O_3$ | 1,3160 | 11 919 |
| | $PbCrO_4$ | 0,3094 | 49 066 |
| $CrO_4$ | $BaCrO_4$ | 0,4578 | 66 065 |
| | $Cr_2O_3$ | 1,5263 | 18 365 |
| | $PbCrO_4$ | 0,3599 | 55 512 |
| Cs | $Cs_2SO_4$ | 0,7340 | 86 569 |

Erläuterungen zu Tafel VI siehe Seite 54.

| Gesucht | Gefunden | Faktor | log |
|---|---|---|---|
| Cu | CuO | 0,7989 | 90 250 |
| | $Cu_2S$ | 0,7986 | 90 231 |
| $CuFeS_2$ | $Cu_2S$ | 2,3057 | 36 281 |
| $Cu_2O$ | CuO | 0,8995 | 95 398 |
| CuO | Cu | 1,2517 | 09 750 |
| | $Cu_2S$ | 0,9996 | 99 981 |
| $CuSO_4 \cdot 5H_2O$ | Cu | 3,9283 | 59 420 |
| | $Cu_2S$ | 3,1370 | 49 651 |
| Er | $Er_2O_3$ | 0,8746 | 94 182 |
| F | $CaF_2$ | 0,4866 | 68 713 |
| | $SiF_4$ | 0,7287 | 86 253 |
| Fe | $Fe_2O_3$ | 0,6994 | 84 473 |
| FeO | Fe | 1,2865 | 10 942 |
| | $Fe_2O_3$ | 0,8998 | 95 415 |
| $Fe_2O_3$ | Fe | 1,4298 | 15 527 |
| | $FePO_4$ | 0,5292 | 72 359 |
| $FeS_2$ | $Fe_2O_3$ | 1,5028 | 17 689 |
| H | $H_2O$ | 0,1119 | 04 884 |
| HBr | AgBr | 0,4309 | 63 441 |
| HCl | AgCl | 0,2544 | 40 557 |
| HJ | AgJ | 0,5448 | 73 627 |
| $HNO_3$ | $C_{20}H_{16}N_4 \cdot HNO_3$ | 0,1680 | 22 522 |
| | $NH_4Cl$ | 1,1779 | 07 113 |
| | $(NH_4)_2PtCl_6$ | 0,2839 | 45 313 |
| | NO | 2,1000 | 32 221 |
| | Pt | 0,6457 | 81 003 |
| $H_2SO_4$ | $BaSO_4$ | 0,4202 | 62 344 |
| Hg | HgCl | 0,8496 | 92 923 |
| | HgS | 0,8620 | 93 553 |
| J | AgJ | 0,5405 | 73 283 |
| | $PdJ_2$ | 0,7041 | 84 765 |

Erläuterungen zu Tafel VI siehe Seite 54.

**Tafel zum Berechnen**

| Gesucht | Gefunden | Faktor | log |
|---|---|---|---|
| K | KCl | 0,5244 | 71 967 |
| | $KClO_4$ | 0,2822 | 45 059 |
| | $K_2PtCl_6$ empirisch | 0,1603 | 20 482 |
| | $K_2SO_4$ | 0,4487 | 65 198 |
| | Pt | 0,4006 | 60 273 |
| KCl | $KClO_4$ | 0,5381 | 73 087 |
| | $K_2PtCl_6$ empirisch | 0,3056 | 48 515 |
| | Pt | 0,7639 | 88 306 |
| $K_2O$ | KCl | 0,6317 | 80 051 |
| | $KClO_4$ | 0,3400 | 53 144 |
| | $K_2PtCl_6$ empirisch | 0,1931 | 28 566 |
| | $K_2SO_4$ | 0,5405 | 73 282 |
| | Pt | 0,4826 | 68 357 |
| $K_2SO_4$ | $BaSO_4$ | 0,7465 | 87 305 |
| La | $La_2O_3$ | 0,8527 | 93 082 |
| Li | LiCl | 0,1637 | 21 399 |
| | $Li_2SO_4$ | 0,1262 | 10 119 |
| $Li_2O$ | LiCl | 0,3524 | 54 698 |
| | $Li_2SO_4$ | 0,2718 | 43 418 |
| Mg | MgO | 0,6032 | 78 044 |
| | $Mg_2P_2O_7$ | 0,2184 | 33 923 |
| $MgCO_3$ | $Mg_2P_2O_7$ | 0,7572 | 87 920 |
| MgO | $Mg_2P_2O_7$ | 0,3621 | 55 879 |
| Mn | $Mn_3O_4$ | 0,7203 | 85 749 |
| | $Mn_2P_2O_7$ | 0,3869 | 58 761 |
| | MnS | 0,6314 | 80 029 |
| | $MnSO_4$ | 0,3638 | 56 083 |
| $MnCO_3$ | $Mn_3O_4$ | 1,5070 | 17 811 |
| MnO | $Mn_3O_4$ | 0,9301 | 96 851 |
| | MnS | 0,8153 | 91 131 |
| Mo | $MoO_3$ | 0,6667 | 82 391 |
| | $MoS_2$ | 0,5996 | 77 788 |
| N | $NH_4Cl$ | 0,2619 | 41 809 |
| | $(NH_4)_2PtCl_6$ | 0,0631 | 80 009 |
| | Pt | 0,1435 | 15 699 |

Erläuterungen zu Tafel VI siehe Seite 54.

## der Analysen.

| Gesucht | Gefunden | Faktor | log |
|---|---|---|---|
| $NH_3$ | $NH_4Cl$ | 0,3183 | 50 286 |
| | $(NH_4)_2PtCl_6$ | 0,0767 | 88 486 |
| | Pt | 0,1745 | 24 176 |
| $NH_4$ | $NH_4Cl$ | 0,3372 | 52 789 |
| | $(NH_4)_2PtCl_6$ | 0,0813 | 90 989 |
| | Pt | 0,1848 | 26 679 |
| $NO_3$ | $C_{20}H_{16}N_4 \cdot HNO_3$ | 0,1653 | 21 820 |
| | $NH_4Cl$ | 1,1591 | 06 411 |
| | $(NH_4)_2PtCl_6$ | 0,2793 | 44 611 |
| | NO | 2,0663 | 31 519 |
| | Pt | 0,6353 | 80 301 |
| $N_2O_5$ | $C_{20}H_{16}N_4 \cdot HNO_3$ | 0,1440 | 15 821 |
| | $NH_4Cl$ | 1,0095 | 00 412 |
| | $(NH_4)_2PtCl_6$ | 0,2433 | 38 612 |
| | NO | 1,7997 | 25 520 |
| | Pt | 0,5534 | 74 302 |
| Na | NaCl | 0,3934 | 59 487 |
| | $Na_2SO_4$ | 0,3238 | 51 026 |
| $Na_2O$ | NaCl | 0,5303 | 72 450 |
| | $Na_2SO_4$ | 0,4364 | 63 989 |
| Ni | NiO | 0,7858 | 89 529 |
| NiO | Ni | 1,2726 | 10 471 |
| P | $Mg_2P_2O_7$ | 0,2787 | 44 519 |
| | $(NH_4)_3PO_4 \cdot 12MoO_3$ | 0,0164 | 21 504 |
| | $P_2O_5 \cdot 24MoO_3$ | 0,0173 | 23 689 |
| $P_2O_5$ | $Mg_2P_2O_7$ | 0,6379 | 80 477 |
| | $(NH_4)_3PO_4 \cdot 12MoO_3$ | 0,0376 | 57 462 |
| | $P_2O_5 \cdot 24MoO_3$ | 0,0395 | 59 647 |
| $PO_4$ | $Mg_2P_2O_7$ | 0,8535 | 93 118 |
| | $(NH_4)_3PO_4 \cdot 12MoO_3$ | 0,0502 | 70 103 |
| | $P_2O_5 \cdot 24MoO_3$ | 0,0528 | 72 288 |

Erläuterungen zu Tafel VI siehe Seite 54.

Tafel zum Berechnen

| Gesucht | Gefunden | Faktor | log |
|---|---|---|---|
| Pb | $PbCrO_4$ | 0,6410 | 80684 |
| | PbO | 0,9283 | 96768 |
| | $PbO_2$ | 0,8662 | 93760 |
| | PbS | 0,8659 | 93747 |
| | $PbSO_4$ | 0,6831 | 83449 |
| PbO | $PbCrO_4$ | 0,6905 | 83916 |
| | $PbO_2$ | 0,9331 | 96992 |
| | PbS | 0,9328 | 96979 |
| | $PbSO_4$ | 0,7359 | 86681 |
| PbS | $PbSO_4$ | 0,7889 | 89702 |
| Rb | $Rb_2SO_4$ | 0,6401 | 80628 |
| S | $BaSO_4$ | 0,1374 | 13792 |
| $SO_2$ | $BaSO_4$ | 0,2745 | 43847 |
| $SO_3$ | $BaSO_4$ | 0,3430 | 53529 |
| $SO_4$ | $BaSO_4$ | 0,4115 | 61441 |
| Sb | $Sb_2O_4$ | 0,7898 | 89749 |
| | $Sb_2S_3$ | 0,7142 | 85382 |
| | $Sb_2S_5$ | 0,5998 | 77800 |
| $Sb_2O_3$ | $Sb_2O_4$ | 0,9475 | 97656 |
| | $Sb_2S_3$ | 0,8568 | 93289 |
| | $Sb_2S_5$ | 0,7196 | 85707 |
| $Sb_2S_3$ | $Sb_2O_4$ | 1,1058 | 04367 |
| $SeO_2$ | Se | 1,4040 | 14737 |
| $SeO_3$ | Se | 1,6061 | 20576 |
| Si | $SiO_2$ | 0,4693 | 67147 |
| $SiO_3$ | $SiO_2$ | 1,2653 | 10220 |
| $Si_2O_7$ | $SiO_2$ | 1,3980 | 14551 |
| $SiO_4$ | $SiO_2$ | 1,5307 | 18488 |

Erläuterungen zu Tafel VI siehe Seite 54.

der Analysen.

| Gesucht | Gefunden | Faktor | log |
|---|---|---|---|
| Sn | $SnO_2$ | 0,7881 | 89 657 |
| Sr | $SrCO_3$ | 0,5936 | 77 347 |
| | $SrSO_4$ | 0,4770 | 67 854 |
| $SrCO_3$ | $Sr(NO_3)_2$ | 0,6975 | 84 356 |
| | $Sr(OH)_2 \cdot 8H_2O$ | 0,5555 | 74 466 |
| | SrS | 1,2334 | 09 109 |
| | $SrS_2O_3$ | 0,7390 | 86 865 |
| $Sr(OH)_2 \cdot 8H_2O$ | $Sr(NO_3)_2$ | 1,2557 | 09 890 |
| | $Sr(SH)_2$ | 1,7282 | 23 760 |
| | $SrS_2O_3$ | 1,3304 | 12 399 |
| $SrSO_4$ | $BaSO_4$ | 0,7869 | 89 593 |
| $TeO_2$ | Te | 1,2510 | 09 725 |
| $TeO_3$ | Te | 1,3765 | 13 877 |
| Th | $Th(NO_3)_4 \cdot 4H_2O$ | 0,4207 | 62 392 |
| | $ThO_2$ | 0,8790 | 94 398 |
| Ti | $TiO_2$ | 0,6005 | 77 852 |
| U | $Na_2U_2O_7$ | 0,7511 | 87 568 |
| | $UO_2$ | 0,8817 | 94 532 |
| | $U_3O_8$ | 0,8482 | 92 852 |
| W | $WO_3$ | 0,7931 | 89 933 |
| Y | $Y_2O_3$ | 0,7876 | 89 631 |
| Zn | ZnO | 0,8034 | 90 492 |
| | $Zn_2P_2O_7$ | 0,4289 | 63 237 |
| | ZnS | 0,6709 | 82 664 |
| ZnO | $Zn_2P_2O_7$ | 0,5339 | 72 745 |
| | ZnS | 0,8351 | 92 172 |
| ZnS | ZnO | 1,1975 | 07 828 |
| | $Zn_2P_2O_7$ | 0,6393 | 80 573 |
| $ZnSO_4 \cdot 7H_2O$ | ZnO | 3,5339 | 54 826 |
| | ZnS | 2,9511 | 46 998 |
| Zr | $ZrO_2$ | 0,7390 | 86 864 |

Erläuterungen zu Tafel VI siehe Seite 54.

## Volumetrische Bestimmung des Stickstoffs und

1 ccm Stickstoff wiegt bei 0° und 760 mm Druck 1,2505 mg. Die Tafel VII

| pw | t° | p=670 | 671 | 672 | 673 | 674 |
|---|---|---|---|---|---|---|
| 7,5 | 7 | 03 133 | 03 198 | 03 263 | 03 328 | 03 392 |
| 8,0 | 8 | 02 978 | 03 043 | 03 108 | 03 173 | 03 237 |
| 8,5 | 9 | 02 823 | 02 888 | 02 953 | 03 018 | 03 082 |
| 9,1 | 10 | 02 669 | 02 734 | 02 799 | 02 864 | 02 928 |
| 9,8 | 11 | 02 516 | 02 581 | 02 646 | 02 711 | 02 775 |
| 10,4 | 12 | 02 363 | 02 428 | 02 493 | 02 558 | 02 622 |
| 11,1 | 13 | 02 211 | 02 276 | 02 341 | 02 406 | 02 470 |
| 11,9 | 14 | 02 059 | 02 124 | 02 189 | 02 254 | 02 318 |
| 12,7 | 15 | 01 907 | 01 972 | 02 037 | 02 102 | 02 166 |
| 13,5 | 16 | 01 756 | 01 821 | 01 886 | 01 951 | 02 015 |
| 14,4 | 17 | 01 606 | 01 671 | 01 736 | 01 801 | 01 865 |
| 15,3 | 18 | 01 456 | 01 521 | 01 586 | 01 651 | 01 715 |
| 16,3 | 19 | 01 307 | 01 372 | 01 437 | 01 502 | 01 566 |
| 17,4 | 20 | 01 158 | 01 223 | 01 288 | 01 353 | 01 417 |
| 18,5 | 21 | 01 010 | 01 075 | 01 140 | 01 205 | 01 269 |
| 19,6 | 22 | 00 862 | 00 927 | 00 992 | 01 057 | 01 121 |
| 20,9 | 23 | 00 715 | 00 780 | 00 845 | 00 910 | 00 974 |
| 22,2 | 24 | 00 569 | 00 634 | 00 699 | 00 764 | 00 828 |

| pw | t° | p=680 | 681 | 682 | 683 | 684 |
|---|---|---|---|---|---|---|
| 7,5 | 7 | 03 777 | 03 841 | 03 904 | 03 968 | 04 032 |
| 8,0 | 8 | 03 622 | 03 686 | 03 749 | 03 813 | 03 877 |
| 8,5 | 9 | 03 467 | 03 531 | 03 594 | 03 658 | 03 722 |
| 9,1 | 10 | 03 313 | 03 377 | 03 440 | 03 504 | 03 568 |
| 9,8 | 11 | 03 150 | 03 224 | 03 287 | 03 351 | 03 415 |
| 10,4 | 12 | 03 007 | 03 071 | 03 134 | 03 198 | 03 262 |
| 11,1 | 13 | 02 855 | 02 919 | 02 982 | 03 046 | 03 110 |
| 11,9 | 14 | 02 703 | 02 767 | 02 830 | 02 894 | 02 958 |
| 12,7 | 15 | 02 551 | 02 615 | 02 678 | 02 742 | 02 806 |
| 13,5 | 16 | 02 400 | 02 464 | 02 527 | 02 591 | 02 655 |
| 14,4 | 17 | 02 250 | 02 314 | 02 377 | 02 441 | 02 505 |
| 15,3 | 18 | 02 100 | 02 164 | 02 227 | 02 291 | 02 355 |
| 16,3 | 19 | 01 951 | 02 015 | 02 078 | 02 142 | 02 206 |
| 17,4 | 20 | 01 802 | 01 866 | 01 929 | 01 993 | 02 057 |
| 18,5 | 21 | 01 654 | 01 718 | 01 781 | 01 845 | 01 909 |
| 19,6 | 22 | 01 506 | 01 570 | 01 633 | 01 697 | 01 761 |
| 20,9 | 23 | 01 359 | 01 423 | 01 486 | 01 550 | 01 614 |
| 22,2 | 24 | 01 213 | 01 277 | 01 340 | 01 404 | 01 468 |

| | 65 | 154 | 151 | 148 |
|---|---|---|---|---|
| 1 | 6,5 | 15,4 | 15,1 | 14,8 |
| 2 | 13,0 | 30,8 | 30,2 | 29,6 |
| 3 | 19,5 | 46,2 | 45,3 | 44,4 |
| 4 | 26,0 | 61,6 | 60,4 | 59,2 |
| 5 | 32,5 | 77,0 | 75,5 | 74,0 |
| 6 | 39,0 | 92,4 | 90,6 | 88,8 |
| 7 | 45,5 | 107,8 | 105,7 | 103,6 |
| 8 | 52,0 | 123,2 | 120,8 | 118,4 |
| 9 | 58,5 | 138,6 | 135,9 | 133,2 |

Erläuterungen zu Tafel VII auf Seite 59 und 62.

$N_2$



## anderer Gase. — Gas-Reduktions-Tabelle.

gibt die log der Gewichte von 1 ccm Stickstoff bei t° und p mm.

| pw | t° | p=675 | 676 | 677 | 678 | 679 |
|---|---|---|---|---|---|---|
| 7,5 | 7 | 03 456 | 03 521 | 03 585 | 03 649 | 03 713 |
| 8,0 | 8 | 03 301 | 03 366 | 03 430 | 03 494 | 03 558 |
| 8,5 | 9 | 03 146 | 03 211 | 03 275 | 03 339 | 03 403 |
| 9,1 | 10 | 02 992 | 03 057 | 03 121 | 03 185 | 03 249 |
| 9,8 | 11 | 02 839 | 02 904 | 02 968 | 03 032 | 03 096 |
| 10,4 | 12 | 02 686 | 02 751 | 02 815 | 02 879 | 02 943 |
| 11,1 | 13 | 02 534 | 02 599 | 02 663 | 02 727 | 02 791 |
| 11,9 | 14 | 02 382 | 02 447 | 02 511 | 02 575 | 02 639 |
| 12,7 | 15 | 02 230 | 02 295 | 02 359 | 02 423 | 02 487 |
| 13,5 | 16 | 02 079 | 02 144 | 02 208 | 02 272 | 02 336 |
| 14,4 | 17 | 01 929 | 01 994 | 02 058 | 02 122 | 02 186 |
| 15,3 | 18 | 01 779 | 01 844 | 01 908 | 01 972 | 02 036 |
| 16,3 | 19 | 01 630 | 01 695 | 01 759 | 01 823 | 01 887 |
| 17,4 | 20 | 01 481 | 01 546 | 01 610 | 01 674 | 01 738 |
| 18,5 | 21 | 01 333 | 01 398 | 01 462 | 01 526 | 01 590 |
| 19,6 | 22 | 01 185 | 01 250 | 01 314 | 01 378 | 01 442 |
| 20,9 | 23 | 01 038 | 01 103 | 01 167 | 01 231 | 01 295 |
| 22,2 | 24 | 00 892 | 00 957 | 01 021 | 01 085 | 01 149 |

| pw | t° | p=685 | 686 | 687 | 688 | 689 |
|---|---|---|---|---|---|---|
| 7,5 | 7 | 04 095 | 04 158 | 04 222 | 04 285 | 04 348 |
| 8,0 | 8 | 03 940 | 04 003 | 04 067 | 04 130 | 04 193 |
| 8,5 | 9 | 03 785 | 03 848 | 03 912 | 03 975 | 04 038 |
| 9,1 | 10 | 03 631 | 03 694 | 03 758 | 03 821 | 03 884 |
| 9,8 | 11 | 03 478 | 03 541 | 03 605 | 03 668 | 03 731 |
| 10,4 | 12 | 03 325 | 03 388 | 03 452 | 03 515 | 03 578 |
| 11,1 | 13 | 03 173 | 03 236 | 03 300 | 03 363 | 03 426 |
| 11,9 | 14 | 03 021 | 03 084 | 03 148 | 03 211 | 03 274 |
| 12,7 | 15 | 02 869 | 02 932 | 02 996 | 03 059 | 03 122 |
| 13,5 | 16 | 02 718 | 02 781 | 02 845 | 02 908 | 02 971 |
| 14,4 | 17 | 02 568 | 02 631 | 02 695 | 02 758 | 02 821 |
| 15,3 | 18 | 02 418 | 02 481 | 02 545 | 02 608 | 02 671 |
| 16,3 | 19 | 02 269 | 02 332 | 02 396 | 02 459 | 02 522 |
| 17,4 | 20 | 02 120 | 02 183 | 02 247 | 02 310 | 02 373 |
| 18,5 | 21 | 01 972 | 02 035 | 02 099 | 02 162 | 02 225 |
| 19,6 | 22 | 01 824 | 01 887 | 01 951 | 02 014 | 02 077 |
| 20,9 | 23 | 01 677 | 01 740 | 01 804 | 01 867 | 01 930 |
| 22,2 | 24 | 01 531 | 01 594 | 01 658 | 01 721 | 01 784 |

| | 64 |
|---|---|
| 1 | 6,4 |
| 2 | 12,8 |
| 3 | 19,2 |
| 4 | 25,6 |
| 5 | 32,0 |
| 6 | 38,4 |
| 7 | 44,8 |
| 8 | 51,2 |
| 9 | 57,6 |

| | 152 |
|---|---|
| 1 | 15,2 |
| 2 | 30,4 |
| 3 | 45,6 |
| 4 | 60,8 |
| 5 | 76,0 |
| 6 | 91,2 |
| 7 | 106,4 |
| 8 | 121,6 |
| 9 | 136,8 |

| | 149 |
|---|---|
| 1 | 14,9 |
| 2 | 29,8 |
| 3 | 44,7 |
| 4 | 59,6 |
| 5 | 74,5 |
| 6 | 89,4 |
| 7 | 104,3 |
| 8 | 119,2 |
| 9 | 134,1 |

| | 146 |
|---|---|
| 1 | 14,6 |
| 2 | 29,2 |
| 3 | 43,8 |
| 4 | 58,4 |
| 5 | 73,0 |
| 6 | 87,6 |
| 7 | 102,2 |
| 8 | 116,8 |
| 9 | 131,4 |

Erläuterungen zu Tafel VII auf Seite 59 und 62.

## Volumetrische Bestimmung des Stickstoffs und

1 ccm Stickstoff wiegt bei 0° und 760 mm Druck 1,2505 mg. Die Tafel VII

| pw | t° | p=690 | 691 | 692 | 693 | 694 |
|---|---|---|---|---|---|---|
| 7,5 | 7 | 04 410 | 04 473 | 04 536 | 04 599 | 04 661 |
| 8,0 | 8 | 04 255 | 04 318 | 04 381 | 04 444 | 04 506 |
| 8,5 | 9 | 04 100 | 04 163 | 04 226 | 04 289 | 04 351 |
| 9,1 | 10 | 03 946 | 04 009 | 04 072 | 04 135 | 04 197 |
| 9,8 | 11 | 03 793 | 03 856 | 03 919 | 03 982 | 04 044 |
| 10,4 | 12 | 03 640 | 03 703 | 03 766 | 03 829 | 03 891 |
| 11,1 | 13 | 03 488 | 03 551 | 03 614 | 03 677 | 03 739 |
| 11,9 | 14 | 03 336 | 03 399 | 03 462 | 03 525 | 03 587 |
| 12,7 | 15 | 03 184 | 03 247 | 03 310 | 03 373 | 03 435 |
| 13,5 | 16 | 03 033 | 03 096 | 03 159 | 03 222 | 03 284 |
| 14,4 | 17 | 02 883 | 02 946 | 03 009 | 03 072 | 03 134 |
| 15,3 | 18 | 02 733 | 02 796 | 02 859 | 02 922 | 02 984 |
| 16,3 | 19 | 02 584 | 02 647 | 02 710 | 02 773 | 02 835 |
| 17,4 | 20 | 02 435 | 02 498 | 02 561 | 02 624 | 02 686 |
| 18,5 | 21 | 02 287 | 02 350 | 02 413 | 02 476 | 02 538 |
| 19,6 | 22 | 02 139 | 02 202 | 02 265 | 02 328 | 02 390 |
| 20,9 | 23 | 01 992 | 02 055 | 02 118 | 02 181 | 02 243 |
| 22,2 | 24 | 01 846 | 01 909 | 01 972 | 02 035 | 02 097 |
| pw | t° | p=700 | 701 | 702 | 703 | 704 |
| 7,5 | 7 | 05 035 | 05 097 | 05 159 | 05 221 | 05 283 |
| 8,0 | 8 | 04 880 | 04 942 | 05 004 | 05 066 | 05 128 |
| 8,5 | 9 | 04 725 | 04 787 | 04 849 | 04 911 | 04 973 |
| 9,1 | 10 | 04 571 | 04 633 | 04 695 | 04 757 | 04 819 |
| 9,8 | 11 | 04 418 | 04 480 | 04 542 | 04 604 | 04 666 |
| 10,4 | 12 | 04 265 | 04 327 | 04 389 | 04 451 | 04 513 |
| 11,1 | 13 | 04 113 | 04 175 | 04 237 | 04 299 | 04 361 |
| 11,9 | 14 | 03 961 | 04 023 | 04 085 | 04 147 | 04 209 |
| 12,7 | 15 | 03 809 | 03 871 | 03 933 | 03 995 | 04 057 |
| 13,5 | 16 | 03 658 | 03 720 | 03 782 | 03 844 | 03 906 |
| 14,4 | 17 | 03 508 | 03 570 | 03 632 | 03 694 | 03 756 |
| 15,3 | 18 | 03 358 | 03 420 | 03 482 | 03 544 | 03 606 |
| 16,3 | 19 | 03 209 | 03 271 | 03 333 | 03 395 | 03 457 |
| 17,4 | 20 | 03 060 | 03 122 | 03 184 | 03 246 | 03 308 |
| 18,5 | 21 | 02 912 | 02 974 | 03 036 | 03 098 | 03 160 |
| 19,6 | 22 | 02 764 | 02 826 | 02 888 | 02 950 | 03 012 |
| 20,9 | 23 | 02 617 | 02 679 | 02 741 | 02 803 | 02 865 |
| 22,2 | 24 | 02 471 | 02 533 | 02 595 | 02 657 | 02 719 |

| | 63 |
|---|---|
| 1 | 6,3 |
| 2 | 12,6 |
| 3 | 18,9 |
| 4 | 25,2 |
| 5 | 31,5 |
| 6 | 37,8 |
| 7 | 44,1 |
| 8 | 50,4 |
| 9 | 56,7 |

| | 154 |
|---|---|
| 1 | 15,4 |
| 2 | 30,8 |
| 3 | 46,2 |
| 4 | 61,6 |
| 5 | 77,0 |
| 6 | 92,4 |
| 7 | 107,8 |
| 8 | 123,2 |
| 9 | 138,6 |

| | 151 |
|---|---|
| 1 | 15,1 |
| 2 | 30,2 |
| 3 | 45,3 |
| 4 | 60,4 |
| 5 | 75,5 |
| 6 | 90,6 |
| 7 | 105,7 |
| 8 | 120,8 |
| 9 | 135,9 |

| | 148 |
|---|---|
| 1 | 14,8 |
| 2 | 29,6 |
| 3 | 44,4 |
| 4 | 59,2 |
| 5 | 74,0 |
| 6 | 88,8 |
| 7 | 103,6 |
| 8 | 118,4 |
| 9 | 133,2 |

Erläuterungen zu Tafel VII auf Seite 59 und 62.

## anderer Gase. — Gas-Reduktions-Tabelle.

gibt die log der Gewichte von 1 ccm Stickstoff bei t° und p mm.

| pw | t° | p=695 | 696 | 697 | 698 | 699 |
|---|---|---|---|---|---|---|
| 7,5 | 7 | 04 724 | 04 786 | 04 849 | 04 911 | 04 973 |
| 8,0 | 8 | 04 569 | 04 631 | 04 694 | 04 756 | 04 818 |
| 8,5 | 9 | 04 414 | 04 476 | 04 539 | 04 601 | 04 663 |
| 9,1 | 10 | 04 260 | 04 322 | 04 385 | 04 447 | 04 509 |
| 9,8 | 11 | 04 107 | 04 169 | 04 232 | 04 294 | 04 356 |
| 10,4 | 12 | 03 954 | 04 016 | 04 079 | 04 141 | 04 203 |
| 11,1 | 13 | 03 802 | 03 864 | 03 927 | 03 989 | 04 051 |
| 11,9 | 14 | 03 650 | 03 712 | 03 775 | 03 837 | 03 899 |
| 12,7 | 15 | 03 498 | 03 560 | 03 623 | 03 685 | 03 747 |
| 13,5 | 16 | 03 347 | 03 409 | 03 472 | 03 534 | 03 596 |
| 14,4 | 17 | 03 197 | 03 259 | 03 322 | 03 384 | 03 446 |
| 15,3 | 18 | 03 047 | 03 109 | 03 172 | 03 234 | 03 296 |
| 16,3 | 19 | 02 898 | 02 960 | 03 023 | 03 085 | 03 147 |
| 17,4 | 20 | 02 749 | 02 811 | 02 874 | 02 936 | 02 998 |
| 18,5 | 21 | 02 601 | 02 663 | 02 726 | 02 788 | 02 850 |
| 19,6 | 22 | 02 453 | 02 515 | 02 578 | 02 640 | 02 702 |
| 20,9 | 23 | 02 306 | 02 368 | 02 431 | 02 493 | 02 555 |
| 22,2 | 24 | 02 160 | 02 222 | 02 285 | 02 347 | 02 409 |

| pw | t° | p=705 | 706 | 707 | 708 | 709 |
|---|---|---|---|---|---|---|
| 7,5 | 7 | 05 344 | 05 406 | 05 467 | 05 529 | 05 590 |
| 8,0 | 8 | 05 189 | 05 251 | 05 312 | 05 374 | 05 435 |
| 8,5 | 9 | 05 034 | 05 096 | 05 157 | 05 219 | 05 280 |
| 9,1 | 10 | 04 880 | 04 942 | 05 003 | 05 065 | 05 126 |
| 9,8 | 11 | 04 727 | 04 789 | 04 850 | 04 912 | 04 973 |
| 10,4 | 12 | 04 574 | 04 636 | 04 697 | 04 759 | 04 820 |
| 11,1 | 13 | 04 422 | 04 484 | 04 545 | 04 607 | 04 668 |
| 11,9 | 14 | 04 270 | 04 332 | 04 393 | 04 455 | 04 516 |
| 12,7 | 15 | 04 118 | 04 180 | 04 241 | 04 303 | 04 364 |
| 13,5 | 16 | 03 967 | 04 029 | 04 090 | 04 152 | 04 213 |
| 14,4 | 17 | 03 817 | 03 879 | 03 940 | 04 002 | 04 063 |
| 15,3 | 18 | 03 667 | 03 729 | 03 790 | 03 852 | 03 913 |
| 16,3 | 19 | 03 518 | 03 580 | 03 641 | 03 703 | 03 764 |
| 17,4 | 20 | 03 369 | 03 431 | 03 492 | 03 554 | 03 615 |
| 18,5 | 21 | 03 221 | 03 283 | 03 344 | 03 406 | 03 467 |
| 19,6 | 22 | 03 073 | 03 135 | 03 196 | 03 258 | 03 319 |
| 20,9 | 23 | 02 926 | 02 988 | 03 049 | 03 111 | 03 172 |
| 22,2 | 24 | 02 780 | 02 842 | 02 903 | 02 965 | 03 026 |

| | 62 | 154 | 151 | 148 |
|---|---|---|---|---|
| 1 | 6,2 | 15,4 | 15,1 | 14,8 |
| 2 | 12,4 | 30,8 | 30,2 | 29,6 |
| 3 | 18,6 | 46,2 | 45,3 | 44,4 |
| 4 | 24,8 | 61,6 | 60,4 | 59,2 |
| 5 | 31,0 | 77,0 | 75,5 | 74,0 |
| 6 | 37,2 | 92,4 | 90,6 | 88,8 |
| 7 | 43,4 | 107,8 | 105,7 | 103,6 |
| 8 | 49,6 | 123,2 | 120,8 | 118,4 |
| 9 | 55,8 | 138,6 | 135,9 | 133,2 |

Erläuterungen zu Tafel VII auf Seite 59 und 62.

## Volumetrische Bestimmung des Stickstoffs und

1 ccm Stickstoff wiegt bei 0° und 760 mm Druck 1,2505 mg. Die Tafel VI

| pw | t° | p = 710 | 711 | 712 | 713 | 714 |
|---|---|---|---|---|---|---|
| 7,5 | 7 | 05 652 | 05 713 | 05 774 | 05 835 | 05 896 |
| 8,0 | 8 | 05 497 | 05 558 | 05 619 | 05 680 | 05 741 |
| 8,5 | 9 | 05 343 | 05 404 | 05 465 | 05 526 | 05 587 |
| 9,1 | 10 | 05 189 | 05 250 | 05 311 | 05 372 | 05 433 |
| 9,8 | 11 | 05 035 | 05 096 | 05 157 | 05 218 | 05 279 |
| 10,4 | 12 | 04 882 | 04 943 | 05 004 | 05 065 | 05 126 |
| 11,1 | 13 | 04 730 | 04 791 | 04 852 | 04 913 | 04 974 |
| 11,9 | 14 | 04 578 | 04 639 | 04 700 | 04 761 | 04 822 |
| 12,7 | 15 | 04 427 | 04 488 | 04 549 | 04 610 | 04 671 |
| 13,5 | 16 | 04 276 | 04 337 | 04 398 | 04 459 | 04 520 |
| 14,4 | 17 | 04 126 | 04 187 | 04 248 | 04 309 | 04 370 |
| 15,3 | 18 | 03 976 | 04 037 | 04 098 | 04 159 | 04 220 |
| 16,3 | 19 | 03 827 | 03 888 | 03 949 | 04 010 | 04 071 |
| 17,4 | 20 | 03 678 | 03 739 | 03 800 | 03 861 | 03 922 |
| 18,5 | 21 | 03 530 | 03 591 | 03 652 | 03 713 | 03 774 |
| 19,6 | 22 | 03 382 | 03 443 | 03 504 | 03 565 | 03 626 |
| 20,9 | 23 | 03 235 | 03 296 | 03 357 | 03 418 | 03 479 |
| 22,2 | 24 | 03 088 | 03 149 | 03 210 | 03 271 | 03 332 |

| pw | t° | p = 720 | 721 | 722 | 723 | 724 |
|---|---|---|---|---|---|---|
| 7,5 | 7 | 06 259 | 06 320 | 06 380 | 06 440 | 06 500 |
| 8,0 | 8 | 06 104 | 06 165 | 06 225 | 06 285 | 06 345 |
| 8,5 | 9 | 05 950 | 06 011 | 06 071 | 06 131 | 06 191 |
| 9,1 | 10 | 05 796 | 05 857 | 05 917 | 05 977 | 06 037 |
| 9,8 | 11 | 05 642 | 05 703 | 05 763 | 05 823 | 05 883 |
| 10,4 | 12 | 05 489 | 05 550 | 05 610 | 05 670 | 05 730 |
| 11,1 | 13 | 05 337 | 05 398 | 05 458 | 05 518 | 05 578 |
| 11,9 | 14 | 05 185 | 05 246 | 05 306 | 05 366 | 05 426 |
| 12,7 | 15 | 05 034 | 05 095 | 05 155 | 05 215 | 05 275 |
| 13,5 | 16 | 04 883 | 04 944 | 05 004 | 05 064 | 05 124 |
| 14,4 | 17 | 04 733 | 04 794 | 04 854 | 04 914 | 04 974 |
| 15,3 | 18 | 04 583 | 04 644 | 04 704 | 04 764 | 04 824 |
| 16,3 | 19 | 04 434 | 04 495 | 04 555 | 04 615 | 04 675 |
| 17,4 | 20 | 04 285 | 04 346 | 04 406 | 04 466 | 04 526 |
| 18,5 | 21 | 04 137 | 04 198 | 04 258 | 04 318 | 04 378 |
| 19,6 | 22 | 03 989 | 04 050 | 04 110 | 04 170 | 04 230 |
| 20,9 | 23 | 03 842 | 03 903 | 03 963 | 04 023 | 04 083 |
| 22,2 | 24 | 03 695 | 03 756 | 03 816 | 03 876 | 03 936 |

| | 61 |
|---|---|
| 1 | 6,1 |
| 2 | 12,2 |
| 3 | 18,3 |
| 4 | 24,4 |
| 5 | 30,5 |
| 6 | 36,6 |
| 7 | 42,7 |
| 8 | 48,8 |
| 9 | 54,9 |

| | 154 |
|---|---|
| 1 | 15,4 |
| 2 | 30,8 |
| 3 | 46,2 |
| 4 | 61,6 |
| 5 | 77,0 |
| 6 | 92,4 |
| 7 | 107,8 |
| 8 | 123,2 |
| 9 | 138,6 |

| | 151 |
|---|---|
| 1 | 15,1 |
| 2 | 30,2 |
| 3 | 45,3 |
| 4 | 60,4 |
| 5 | 75,5 |
| 6 | 90,6 |
| 7 | 105,7 |
| 8 | 120,8 |
| 9 | 135,9 |

| | 148 |
|---|---|
| 1 | 14,8 |
| 2 | 29,6 |
| 3 | 44,4 |
| 4 | 59,2 |
| 5 | 74,0 |
| 6 | 88,8 |
| 7 | 103,6 |
| 8 | 118,4 |
| 9 | 133,2 |

Erläuterungen zu Tafel VII auf Seite 59 und 62.

## anderer Gase. — Gas-Reduktions-Tabelle.

gibt die log der Gewichte von 1 ccm Stickstoff bei t⁰ und p mm.

| pw | t⁰ | p = 715 | 716 | 717 | 718 | 719 |
|---|---|---|---|---|---|---|
| 7,5 | 7 | 05 957 | 06 017 | 06 078 | 06 138 | 06 199 |
| 8,0 | 8 | 05 802 | 05 862 | 05 923 | 05 983 | 06 044 |
| 8,5 | 9 | 05 648 | 05 708 | 05 769 | 05 829 | 05 890 |
| 9,1 | 10 | 05 494 | 05 554 | 05 615 | 05 675 | 05 736 |
| 9,8 | 11 | 05 340 | 05 400 | 05 461 | 05 521 | 05 582 |
| 10,4 | 12 | 05 187 | 05 247 | 05 308 | 05 368 | 05 429 |
| 11,1 | 13 | 05 035 | 05 095 | 05 156 | 05 216 | 05 277 |
| 11,9 | 14 | 04 883 | 04 943 | 05 004 | 05 064 | 05 125 |
| 12,7 | 15 | 04 732 | 04 792 | 04 853 | 04 913 | 04 974 |
| 13,5 | 16 | 04 581 | 04 641 | 04 702 | 04 762 | 04 823 |
| 14,4 | 17 | 04 431 | 04 491 | 04 552 | 04 612 | 04 673 |
| 15,3 | 18 | 04 281 | 04 341 | 04 402 | 04 462 | 04 523 |
| 16,3 | 19 | 04 132 | 04 192 | 04 253 | 04 313 | 04 374 |
| 17,4 | 20 | 03 983 | 04 043 | 04 104 | 04 164 | 04 225 |
| 18,5 | 21 | 03 835 | 03 895 | 03 956 | 04 016 | 04 077 |
| 19,6 | 22 | 03 687 | 03 747 | 03 808 | 03 868 | 03 929 |
| 20,9 | 23 | 03 540 | 03 600 | 03 661 | 03 721 | 03 782 |
| 22,2 | 24 | 03 393 | 03 453 | 03 514 | 03 574 | 03 635 |

| pw | t⁰ | p = 725 | 726 | 727 | 728 | 729 |
|---|---|---|---|---|---|---|
| 7,5 | 7 | 06 560 | 06 620 | 06 679 | 06 739 | 06 799 |
| 8,0 | 8 | 06 405 | 06 465 | 06 524 | 06 584 | 06 644 |
| 8,5 | 9 | 06 251 | 06 311 | 06 370 | 06 430 | 06 490 |
| 9,1 | 10 | 06 097 | 06 157 | 06 216 | 06 276 | 06 336 |
| 9,8 | 11 | 05 943 | 06 003 | 06 062 | 06 122 | 06 182 |
| 10,4 | 12 | 05 790 | 05 850 | 05 909 | 05 969 | 06 029 |
| 11,1 | 13 | 05 638 | 05 698 | 05 757 | 05 817 | 05 877 |
| 11,9 | 14 | 05 486 | 05 546 | 05 605 | 05 665 | 05 725 |
| 12,7 | 15 | 05 335 | 05 395 | 05 454 | 05 514 | 05 574 |
| 13,5 | 16 | 05 184 | 05 244 | 05 303 | 05 363 | 05 423 |
| 14,4 | 17 | 05 034 | 05 094 | 05 153 | 05 213 | 05 273 |
| 15,3 | 18 | 04 884 | 04 944 | 05 003 | 05 063 | 05 123 |
| 16,3 | 19 | 04 735 | 04 795 | 04 854 | 04 914 | 04 974 |
| 17,4 | 20 | 04 586 | 04 646 | 04 705 | 04 765 | 04 825 |
| 18,5 | 21 | 04 438 | 04 498 | 04 557 | 04 617 | 04 677 |
| 19,6 | 22 | 04 290 | 04 350 | 04 409 | 04 469 | 04 529 |
| 20,9 | 23 | 04 143 | 04 203 | 04 262 | 04 322 | 04 382 |
| 22,2 | 24 | 03 996 | 04 056 | 04 115 | 04 175 | 04 235 |

| | 60 | 154 | 151 | 148 |
|---|---|---|---|---|
| 1 | 6,0 | 15,4 | 15,1 | 14,8 |
| 2 | 12,0 | 30,8 | 30,2 | 29,6 |
| 3 | 18,0 | 46,2 | 45,3 | 44,4 |
| 4 | 24,0 | 61,6 | 60,4 | 59,2 |
| 5 | 30,0 | 77,0 | 75,5 | 74,0 |
| 6 | 36,0 | 92,4 | 90,6 | 88,8 |
| 7 | 42,0 | 107,8 | 105,7 | 103,6 |
| 8 | 48,0 | 123,2 | 120,8 | 118,4 |
| 9 | 54,0 | 138,6 | 135,9 | 133,2 |

Erläuterungen zu Tafel VII auf Seite 59 und 62.

## Volumetrische Bestimmung des Stickstoffs und

1 ccm Stickstoff wiegt bei 0° und 760 mm Druck 1,2505 mg. Die Tafel VII

| pw | t° | p = 730 | 731 | 732 | 733 | 734 |
|---|---|---|---|---|---|---|
| 7,5 | 7 | 06 858 | 06 918 | 06 977 | 07 036 | 07 096 |
| 8,0 | 8 | 06 703 | 06 763 | 06 822 | 06 881 | 06 941 |
| 8,5 | 9 | 06 549 | 06 609 | 06 668 | 06 727 | 06 787 |
| 9,1 | 10 | 06 395 | 06 455 | 06 514 | 06 573 | 06 633 |
| 9,8 | 11 | 06 241 | 06 301 | 06 360 | 06 419 | 06 479 |
| 10,4 | 12 | 06 088 | 06 148 | 06 207 | 06 266 | 06 326 |
| 11,1 | 13 | 05 936 | 05 996 | 06 055 | 06 114 | 06 174 |
| 11,9 | 14 | 05 784 | 05 844 | 05 903 | 05 962 | 06 022 |
| 12,7 | 15 | 05 633 | 05 693 | 05 752 | 05 811 | 05 871 |
| 13,5 | 16 | 05 482 | 05 542 | 05 601 | 05 660 | 05 720 |
| 14,4 | 17 | 05 332 | 05 392 | 05 451 | 05 510 | 05 570 |
| 15,3 | 18 | 05 182 | 05 242 | 05 301 | 05 360 | 05 420 |
| 16,3 | 19 | 05 033 | 05 093 | 05 152 | 05 211 | 05 271 |
| 17,4 | 20 | 04 884 | 04 944 | 05 003 | 05 062 | 05 122 |
| 18,5 | 21 | 04 736 | 04 796 | 04 855 | 04 914 | 04 974 |
| 19,6 | 22 | 04 588 | 04 648 | 04 707 | 04 766 | 04 826 |
| 20,9 | 23 | 04 441 | 04 501 | 04 560 | 04 619 | 04 679 |
| 22,2 | 24 | 04 294 | 04 354 | 04 413 | 04 472 | 04 532 |

| pw | t° | p = 740 | 741 | 742 | 743 | 744 |
|---|---|---|---|---|---|---|
| 7,5 | 7 | 07 449 | 07 508 | 07 566 | 07 625 | 07 683 |
| 8,0 | 8 | 07 294 | 07 353 | 07 411 | 07 470 | 07 528 |
| 8,5 | 9 | 07 140 | 07 199 | 07 257 | 07 316 | 07 374 |
| 9,1 | 10 | 06 986 | 07 045 | 07 103 | 07 162 | 07 220 |
| 9,8 | 11 | 06 832 | 06 891 | 06 949 | 07 008 | 07 066 |
| 10,4 | 12 | 06 679 | 06 738 | 06 796 | 06 855 | 06 913 |
| 11,1 | 13 | 06 527 | 06 586 | 06 644 | 06 703 | 06 761 |
| 11,9 | 14 | 06 375 | 06 434 | 06 492 | 06 551 | 06 609 |
| 12,7 | 15 | 06 224 | 06 283 | 06 341 | 06 400 | 06 458 |
| 13,5 | 16 | 06 073 | 06 132 | 06 190 | 06 249 | 06 307 |
| 14,4 | 17 | 05 923 | 05 982 | 06 040 | 06 099 | 06 157 |
| 15,3 | 18 | 05 773 | 05 832 | 05 890 | 05 949 | 06 007 |
| 16,3 | 19 | 05 624 | 05 683 | 05 741 | 05 800 | 05 858 |
| 17,4 | 20 | 05 475 | 05 534 | 05 592 | 05 651 | 05 709 |
| 18,5 | 21 | 05 327 | 05 386 | 05 444 | 05 503 | 05 561 |
| 19,6 | 22 | 05 179 | 05 238 | 05 296 | 05 355 | 05 413 |
| 20,9 | 23 | 05 032 | 05 091 | 05 149 | 05 208 | 05 266 |
| 22,2 | 24 | 04 885 | 04 944 | 05 002 | 05 061 | 05 119 |

| | 59 | 154 | 151 | 148 |
|---|---|---|---|---|
| 1 | 5,9 | 15,4 | 15,1 | 14,8 |
| 2 | 11,8 | 30,8 | 30,2 | 29,6 |
| 3 | 17,7 | 46,2 | 45,3 | 44,4 |
| 4 | 23,6 | 61,6 | 60,4 | 59,2 |
| 5 | 29,5 | 77,0 | 75,5 | 74,0 |
| 6 | 35,4 | 92.4 | 90,6 | 88,8 |
| 7 | 41,3 | 107,8 | 105,7 | 103,6 |
| 8 | 47,2 | 123,2 | 120,8 | 118,4 |
| 9 | 53,1 | 138,6 | 135,9 | 133,2 |

Erläuterungen zu Tafel VII auf Seite 59 und 62

## anderer Gase. — Gas-Reduktions-Tabelle.

gibt die log der Gewichte von 1 ccm Stickstoff bei t⁰ und p mm.

| pw | t⁰ | p = 735 | 736 | 737 | 738 | 739 |
|---|---|---|---|---|---|---|
| 7,5 | 7 | 07 155 | 07 214 | 07 273 | 07 332 | 07 390 |
| 8,0 | 8 | 07 000 | 07 059 | 07 118 | 07 177 | 07 235 |
| 8,5 | 9 | 06 846 | 06 905 | 06 964 | 07 023 | 07 081 |
| 9,1 | 10 | 06 692 | 06 751 | 06 810 | 06 869 | 06 927 |
| 9,8 | 11 | 06 538 | 06 597 | 06 656 | 06 715 | 06 773 |
| 10,4 | 12 | 06 385 | 06 444 | 06 503 | 06 562 | 06 620 |
| 11,1 | 13 | 06 233 | 06 292 | 06 351 | 06 410 | 06 468 |
| 11,9 | 14 | 06 081 | 06 140 | 06 199 | 06 258 | 06 316 |
| 12,7 | 15 | 05 930 | 05 989 | 06 048 | 06 107 | 06 165 |
| 13,5 | 16 | 05 779 | 05 838 | 05 897 | 05 956 | 06 014 |
| 14,4 | 17 | 05 629 | 05 688 | 05 747 | 05 806 | 05 864 |
| 15,3 | 18 | 05 479 | 05 538 | 05 597 | 05 656 | 05 714 |
| 16,3 | 19 | 05 330 | 05 389 | 05 448 | 05 507 | 05 565 |
| 17,4 | 20 | 05 181 | 05 240 | 05 299 | 05 358 | 05 416 |
| 18,5 | 21 | 05 033 | 05 092 | 05 151 | 05 210 | 05 268 |
| 19,6 | 22 | 04 885 | 04 944 | 05 003 | 05 062 | 05 120 |
| 20,9 | 23 | 04 738 | 04 797 | 04 856 | 04 915 | 04 973 |
| 22,2 | 24 | 04 591 | 04 650 | 04 709 | 04 768 | 04 826 |

| pw | t⁰ | p = 745 | 746 | 747 | 748 | 749 |
|---|---|---|---|---|---|---|
| 7,5 | 7 | 07 742 | 07 800 | 07 858 | 07 916 | 07 974 |
| 8,0 | 8 | 07 587 | 07 645 | 07 703 | 07 761 | 07 819 |
| 8,5 | 9 | 07 433 | 07 491 | 07 549 | 07 607 | 07 665 |
| 9,1 | 10 | 07 279 | 07 337 | 07 395 | 07 453 | 07 511 |
| 9,8 | 11 | 07 125 | 07 183 | 07 241 | 07 299 | 07 357 |
| 10,4 | 12 | 06 972 | 07 030 | 07 088 | 07 146 | 07 204 |
| 11,1 | 13 | 06 820 | 06 878 | 06 936 | 06 994 | 07 052 |
| 11,9 | 14 | 06 668 | 06 726 | 06 784 | 06 842 | 06 900 |
| 12,7 | 15 | 06 517 | 06 575 | 06 633 | 06 691 | 06 749 |
| 13,5 | 16 | 06 366 | 06 424 | 06 482 | 06 540 | 06 598 |
| 14,4 | 17 | 06 216 | 06 274 | 06 332 | 06 390 | 06 448 |
| 15,3 | 18 | 06 066 | 06 124 | 06 182 | 06 240 | 06 298 |
| 16,3 | 19 | 05 917 | 05 975 | 06 033 | 06 091 | 06 149 |
| 17,4 | 20 | 05 768 | 05 826 | 05 884 | 05 942 | 06 000 |
| 18,5 | 21 | 05 620 | 05 678 | 05 736 | 05 794 | 05 852 |
| 19,6 | 22 | 05 472 | 05 530 | 05 588 | 05 646 | 05 704 |
| 20,9 | 23 | 05 325 | 05 383 | 05 441 | 05 499 | 05 557 |
| 22,2 | 24 | 05 178 | 05 236 | 05 294 | 05 352 | 05 410 |

| | 58 | 154 | 151 | 148 |
|---|---|---|---|---|
| 1 | 5,8 | 15,4 | 15,1 | 14,8 |
| 2 | 11,6 | 30,8 | 30,2 | 29,6 |
| 3 | 17,4 | 46,2 | 45,3 | 44,4 |
| 4 | 23,2 | 61,6 | 60,4 | 59,2 |
| 5 | 29,0 | 77,0 | 75,5 | 74,0 |
| 6 | 34,8 | 92,4 | 90,6 | 88,8 |
| 7 | 40,6 | 107,8 | 105,7 | 103,6 |
| 8 | 46,4 | 123,2 | 120,8 | 118,4 |
| 9 | 52,2 | 138,6 | 135,9 | 133,2 |

Erläuterungen zu Tafel VII auf Seite 59 und 62.

## Volumetrische Bestimmung des Stickstoffs und

1 ccm Stickstoff wiegt bei 0° und 760 mm Druck 1,2505 mg. Die Tafel VI

| pw | t° | p = 750 | 751 | 752 | 753 | 754 |
|---|---|---|---|---|---|---|
| 7,5 | 7 | 08 032 | 08 090 | 08 148 | 08 205 | 08 263 |
| 8,0 | 8 | 07 877 | 07 935 | 07 993 | 08 050 | 08 108 |
| 8,5 | 9 | 07 723 | 07 781 | 07 839 | 07 896 | 07 954 |
| 9,1 | 10 | 07 569 | 07 627 | 07 685 | 07 742 | 07 800 |
| 9,8 | 11 | 07 415 | 07 473 | 07 531 | 07 588 | 07 646 |
| 10,4 | 12 | 07 262 | 07 320 | 07 378 | 07 435 | 07 493 |
| 11,1 | 13 | 07 110 | 07 168 | 07 226 | 07 283 | 07 341 |
| 11,9 | 14 | 06 958 | 07 016 | 07 074 | 07 131 | 07 189 |
| 12,7 | 15 | 06 807 | 06 865 | 06 923 | 06 980 | 07 038 |
| 13,5 | 16 | 06 656 | 06 714 | 06 772 | 06 829 | 06 887 |
| 14,4 | 17 | 06 506 | 06 564 | 06 622 | 06 679 | 06 737 |
| 15,3 | 18 | 06 356 | 06 414 | 06 472 | 06 529 | 06 587 |
| 16,3 | 19 | 06 207 | 06 265 | 06 323 | 06 380 | 06 438 |
| 17,4 | 20 | 06 058 | 06 116 | 06 174 | 06 231 | 06 289 |
| 18,5 | 21 | 05 910 | 05 968 | 06 026 | 06 083 | 06 141 |
| 19,6 | 22 | 05 762 | 05 820 | 05 878 | 05 935 | 05 993 |
| 20,9 | 23 | 05 615 | 05 673 | 05 731 | 05 788 | 05 846 |
| 22,2 | 24 | 05 468 | 05 526 | 05 584 | 05 641 | 05 699 |

| pw | t° | p = 760 | 761 | 762 | 763 | 764 |
|---|---|---|---|---|---|---|
| 7,5 | 7 | 08 607 | 08 664 | 08 721 | 08 778 | 08 835 |
| 8,0 | 8 | 08 452 | 08 509 | 08 566 | 08 623 | 08 680 |
| 8,5 | 9 | 08 298 | 08 355 | 08 412 | 08 469 | 08 526 |
| 9,1 | 10 | 08 144 | 08 201 | 08 258 | 08 315 | 08 372 |
| 9,8 | 11 | 07 990 | 08 047 | 08 104 | 08 161 | 08 218 |
| 10,4 | 12 | 07 837 | 07 894 | 07 951 | 08 008 | 08 065 |
| 11,1 | 13 | 07 685 | 07 742 | 07 799 | 07 856 | 07 913 |
| 11,9 | 14 | 07 533 | 07 590 | 07 647 | 07 704 | 07 761 |
| 12,7 | 15 | 07 382 | 07 439 | 07 496 | 07 553 | 07 610 |
| 13,5 | 16 | 07 231 | 07 288 | 07 345 | 07 402 | 07 459 |
| 14,4 | 17 | 07 081 | 07 138 | 07 195 | 07 252 | 07 309 |
| 15,3 | 18 | 06 931 | 06 988 | 07 045 | 07 102 | 07 159 |
| 16,3 | 19 | 06 782 | 06 839 | 06 896 | 06 953 | 07 010 |
| 17,4 | 20 | 06 633 | 06 690 | 06 747 | 06 804 | 06 861 |
| 18,5 | 21 | 06 485 | 06 542 | 06 599 | 06 656 | 06 713 |
| 19,6 | 22 | 06 337 | 06 394 | 06 451 | 06 508 | 06 565 |
| 20,9 | 23 | 06 190 | 06 247 | 06 304 | 06 361 | 06 418 |
| 22,2 | 24 | 06 043 | 06 100 | 06 157 | 06 214 | 06 271 |

| | 58 |
|---|---|
| 1 | 5,8 |
| 2 | 11,6 |
| 3 | 17,4 |
| 4 | 23,2 |
| 5 | 29,0 |
| 6 | 34,8 |
| 7 | 40,6 |
| 8 | 46,4 |
| 9 | 52,2 |

| | 154 |
|---|---|
| 1 | 15,4 |
| 2 | 30,8 |
| 3 | 46,2 |
| 4 | 61,6 |
| 5 | 77,0 |
| 6 | 92,4 |
| 7 | 107,8 |
| 8 | 123,2 |
| 9 | 138,6 |

| | 151 |
|---|---|
| 1 | 15,1 |
| 2 | 30,2 |
| 3 | 45,3 |
| 4 | 60,4 |
| 5 | 75,5 |
| 6 | 90,6 |
| 7 | 105,7 |
| 8 | 120,8 |
| 9 | 135,9 |

| | 148 |
|---|---|
| 1 | 14,8 |
| 2 | 29,6 |
| 3 | 44,4 |
| 4 | 59,2 |
| 5 | 74,0 |
| 6 | 88,8 |
| 7 | 103,6 |
| 8 | 118,4 |
| 9 | 133,2 |

Erläuterungen zu Tafel VII auf Seite 59 und 62.

## anderer Gase. — Gas-Reduktions-Tabelle.

gibt die log der Gewichte von 1 ccm Stickstoff bei t⁰ und p mm.

| pw | t⁰ | p = 755 | 756 | 757 | 758 | 759 |
|---|---|---|---|---|---|---|
| 7,5 | 7 | 08 321 | 08 378 | 08 436 | 08 493 | 08 550 |
| 8,0 | 8 | 08 166 | 08 223 | 08 281 | 08 338 | 08 395 |
| 8,5 | 9 | 08 012 | 08 069 | 08 127 | 08 184 | 08 241 |
| 9,1 | 10 | 07 858 | 07 915 | 07 973 | 08 030 | 08 087 |
| 9,8 | 11 | 07 704 | 07 761 | 07 819 | 07 876 | 07 933 |
| 10,4 | 12 | 07 551 | 07 608 | 07 666 | 07 723 | 07 780 |
| 11,1 | 13 | 07 399 | 07 456 | 07 514 | 07 571 | 07 628 |
| 11,9 | 14 | 07 247 | 07 304 | 07 362 | 07 419 | 07 476 |
| 12,7 | 15 | 07 096 | 07 153 | 07 211 | 07 268 | 07 325 |
| 13,5 | 16 | 06 945 | 07 002 | 07 060 | 07 117 | 07 174 |
| 14,4 | 17 | 06 795 | 06 852 | 06 910 | 06 967 | 07 024 |
| 15,3 | 18 | 06 645 | 06 702 | 06 760 | 06 817 | 06 874 |
| 16,3 | 19 | 06 496 | 06 553 | 06 611 | 06 668 | 06 725 |
| 17,4 | 20 | 06 347 | 06 404 | 06 462 | 06 519 | 06 576 |
| 18,5 | 21 | 06 199 | 06 256 | 06 314 | 06 371 | 06 428 |
| 19,6 | 22 | 06 051 | 06 108 | 06 166 | 06 223 | 06 280 |
| 20,9 | 23 | 05 904 | 05 961 | 06 019 | 06 076 | 06 133 |
| 22,2 | 24 | 05 757 | 05 814 | 05 872 | 05 929 | 05 986 |
| pw | t⁰ | p = 765 | 766 | 767 | 768 | 769 |
| 7,5 | 7 | 08 892 | 08 949 | 09 006 | 09 062 | 09 119 |
| 8,0 | 8 | 08 737 | 08 794 | 08 851 | 08 907 | 08 964 |
| 8,5 | 9 | 08 583 | 08 640 | 08 697 | 08 753 | 08 810 |
| 9,1 | 10 | 08 429 | 08 486 | 08 543 | 08 599 | 08 656 |
| 9,8 | 11 | 08 275 | 08 332 | 08 389 | 08 445 | 08 502 |
| 10,4 | 12 | 08 122 | 08 179 | 08 236 | 08 292 | 08 349 |
| 11,1 | 13 | 07 970 | 08 027 | 08 084 | 08 140 | 08 197 |
| 11,9 | 14 | 07 818 | 07 875 | 07 932 | 07 988 | 08 045 |
| 12,7 | 15 | 07 667 | 07 724 | 07 781 | 07 837 | 07 894 |
| 13,5 | 16 | 07 516 | 07 573 | 07 630 | 07 686 | 07 743 |
| 14,4 | 17 | 07 366 | 07 423 | 07 480 | 07 536 | 07 593 |
| 15,3 | 18 | 07 216 | 07 273 | 07 330 | 07 386 | 07 443 |
| 16,3 | 19 | 07 067 | 07 124 | 07 181 | 07 237 | 07 294 |
| 17,4 | 20 | 06 918 | 06 975 | 07 032 | 07 088 | 07 145 |
| 18,5 | 21 | 06 770 | 06 827 | 06 884 | 06 940 | 06 997 |
| 19,6 | 22 | 06 622 | 06 679 | 06 736 | 06 792 | 06 849 |
| 20,9 | 23 | 06 475 | 06 532 | 06 589 | 06 645 | 06 702 |
| 22,2 | 24 | 06 328 | 06 385 | 06 442 | 06 498 | 06 555 |

| | 57 | 154 | 151 | 148 |
|---|---|---|---|---|
| 1 | 5,7 | 15,4 | 15,1 | 14,8 |
| 2 | 11,4 | 30,8 | 30,2 | 29,6 |
| 3 | 17,1 | 46,2 | 45,3 | 44,4 |
| 4 | 22,8 | 61,6 | 60,4 | 59,2 |
| 5 | 28,5 | 77,0 | 75,5 | 74,0 |
| 6 | 34,2 | 92,4 | 90,6 | 88,8 |
| 7 | 39,9 | 107,8 | 105,7 | 103,6 |
| 8 | 45,6 | 123,2 | 120,8 | 118,4 |
| 9 | 51,3 | 138,6 | 135,9 | 133,2 |

Erläuterungen zu Tafel VII auf Seite 59 und 62.

## Volumetrische Bestimmung des Stickstoffs und

1 ccm Stickstoff wiegt bei 0° und 760 mm Druck 1,2505 mg. Die Tafel VI

| pw | t° | p=770 | 771 | 772 | 773 | 774 |
|---|---|---|---|---|---|---|
| 7,5 | 7 | 09 175 | 09 231 | 09 288 | 09 344 | 09 400 |
| 8,0 | 8 | 09 020 | 09 076 | 09 133 | 09 189 | 09 245 |
| 8,5 | 9 | 08 866 | 08 922 | 08 979 | 09 035 | 09 091 |
| 9,1 | 10 | 08 712 | 08 768 | 08 825 | 08 881 | 08 937 |
| 9,8 | 11 | 08 558 | 08 614 | 08 671 | 08 727 | 08 783 |
| 10,4 | 12 | 08 405 | 08 461 | 08 518 | 08 574 | 08 630 |
| 11,1 | 13 | 08 253 | 08 309 | 08 366 | 08 422 | 08 478 |
| 11,9 | 14 | 08 101 | 08 157 | 08 214 | 08 270 | 08 326 |
| 12,7 | 15 | 07 949 | 08 005 | 08 062 | 08 118 | 08 174 |
| 13,5 | 16 | 07 798 | 07 854 | 07 911 | 07 967 | 08 023 |
| 14,4 | 17 | 07 648 | 07 704 | 07 761 | 07 817 | 07 873 |
| 15,3 | 18 | 07 498 | 07 554 | 07 611 | 07 667 | 07 723 |
| 16,3 | 19 | 07 349 | 07 405 | 07 462 | 07 518 | 07 574 |
| 17,4 | 20 | 07 200 | 07 256 | 07 313 | 07 369 | 07 425 |
| 18,5 | 21 | 07 052 | 07 108 | 07 165 | 07 221 | 07 277 |
| 19,6 | 22 | 06 904 | 06 960 | 07 017 | 07 073 | 07 129 |
| 20,9 | 23 | 06 757 | 06 813 | 06 870 | 06 926 | 06 982 |
| 22,2 | 24 | 06 611 | 06 667 | 06 724 | 06 780 | 06 836 |
| pw | t° | p=780 | 781 | 782 | 783 | 784 |
| 7,5 | 7 | 09 735 | 09 791 | 09 847 | 09 902 | 09 958 |
| 8,0 | 8 | 09 580 | 09 636 | 09 692 | 09 747 | 09 803 |
| 8,5 | 9 | 09 426 | 09 482 | 09 538 | 09 593 | 09 649 |
| 9,1 | 10 | 09 272 | 09 328 | 09 384 | 09 439 | 09 495 |
| 9,8 | 11 | 09 118 | 09 174 | 09 230 | 09 285 | 09 341 |
| 10,4 | 12 | 08 965 | 09 021 | 09 077 | 09 132 | 09 188 |
| 11,1 | 13 | 08 813 | 08 869 | 08 925 | 08 980 | 09 036 |
| 11,9 | 14 | 08 661 | 08 717 | 08 773 | 08 828 | 08 884 |
| 12,7 | 15 | 08 509 | 08 565 | 08 621 | 08 676 | 08 732 |
| 13,5 | 16 | 08 358 | 08 414 | 08 470 | 08 525 | 08 581 |
| 14,4 | 17 | 08 208 | 08 264 | 08 320 | 08 375 | 08 431 |
| 15,3 | 18 | 08 058 | 08 114 | 08 170 | 08 225 | 08 281 |
| 16,3 | 19 | 07 909 | 07 965 | 08 021 | 08 076 | 08 132 |
| 17,4 | 20 | 07 760 | 07 816 | 07 872 | 07 927 | 07 983 |
| 18,5 | 21 | 07 612 | 07 668 | 07 724 | 07 779 | 07 835 |
| 19,6 | 22 | 07 464 | 07 520 | 07 576 | 07 631 | 07 687 |
| 20,9 | 23 | 07 317 | 07 373 | 07 429 | 07 484 | 07 540 |
| 22,2 | 24 | 07 171 | 07 227 | 07 283 | 07 338 | 07 394 |

| | 56 |
|---|---|
| 1 | 5,6 |
| 2 | 11,2 |
| 3 | 16,8 |
| 4 | 22,4 |
| 5 | 28,0 |
| 6 | 33,6 |
| 7 | 39,2 |
| 8 | 44,8 |
| 9 | 50,4 |

| | 154 |
|---|---|
| 1 | 15,4 |
| 2 | 30,8 |
| 3 | 46,2 |
| 4 | 61,6 |
| 5 | 77,0 |
| 6 | 92,4 |
| 7 | 107,8 |
| 8 | 123,2 |
| 9 | 138,6 |

| | 151 |
|---|---|
| 1 | 15,1 |
| 2 | 30,2 |
| 3 | 45,3 |
| 4 | 60,4 |
| 5 | 75,5 |
| 6 | 90,6 |
| 7 | 105,7 |
| 8 | 120,8 |
| 9 | 135,9 |

| | 148 |
|---|---|
| 1 | 14,8 |
| 2 | 29,6 |
| 3 | 44,4 |
| 4 | 59,2 |
| 5 | 74,0 |
| 6 | 88,8 |
| 7 | 103,6 |
| 8 | 118,4 |
| 9 | 133,2 |

Erläuterungen zu Tafel VII auf Seite 59 und 62.

## anderer Gase. — Gas-Reduktions-Tabelle.

gibt die log der Gewichte von 1 ccm Stickstoff bei t° und p mm.

| pw | t° | p=775 | 776 | 777 | 778 | 779 |
|---|---|---|---|---|---|---|
| 7,5 | 7 | 09 456 | 09 512 | 09 568 | 09 624 | 09 680 |
| 8,0 | 8 | 09 301 | 09 357 | 09 413 | 09 469 | 09 525 |
| 8,5 | 9 | 09 147 | 09 203 | 09 259 | 09 315 | 09 371 |
| 9,1 | 10 | 08 993 | 09 049 | 09 105 | 09 161 | 09 217 |
| 9,8 | 11 | 08 839 | 08 895 | 08 951 | 09 007 | 09 063 |
| 10,4 | 12 | 08 686 | 08 742 | 08 798 | 08 854 | 08 910 |
| 11,1 | 13 | 08 534 | 08 590 | 08 646 | 08 702 | 08 758 |
| 11,9 | 14 | 08 382 | 08 438 | 08 494 | 08 550 | 08 606 |
| 12,7 | 15 | 08 230 | 08 286 | 08 342 | 08 398 | 08 454 |
| 13,5 | 16 | 08 079 | 08 135 | 08 191 | 08 247 | 08 303 |
| 14,4 | 17 | 07 929 | 07 985 | 08 041 | 08 097 | 08 153 |
| 15,3 | 18 | 07 779 | 07 835 | 07 891 | 07 947 | 08 003 |
| 16,3 | 19 | 07 630 | 07 686 | 07 742 | 07 798 | 07 854 |
| 17,4 | 20 | 07 481 | 07 537 | 07 593 | 07 649 | 07 705 |
| 18,5 | 21 | 07 333 | 07 389 | 07 445 | 07 501 | 07 557 |
| 19,6 | 22 | 07 185 | 07 241 | 07 297 | 07 353 | 07 409 |
| 20,9 | 23 | 07 038 | 07 094 | 07 150 | 07 206 | 07 262 |
| 22,2 | 24 | 06 892 | 06 948 | 07 004 | 07 060 | 07 116 |
| **pw** | **t°** | **p=785** | **786** | **787** | **788** | **789** |
| 7,5 | 7 | 10 013 | 10 068 | 10 123 | 10 179 | 10 234 |
| 8,0 | 8 | 09 858 | 09 913 | 09 968 | 10 024 | 10 079 |
| 8,5 | 9 | 09 704 | 09 759 | 09 814 | 09 870 | 09 925 |
| 9,1 | 10 | 09 550 | 09 605 | 09 660 | 09 716 | 09 771 |
| 9,8 | 11 | 09 396 | 09 451 | 09 506 | 09 562 | 09 617 |
| 10,4 | 12 | 09 243 | 09 298 | 09 353 | 09 409 | 09 464 |
| 11,1 | 13 | 09 091 | 09 146 | 09 201 | 09 257 | 09 312 |
| 11,9 | 14 | 08 939 | 08 994 | 09 049 | 09 105 | 09 162 |
| 12,7 | 15 | 08 787 | 08 842 | 08 897 | 08 953 | 09 008 |
| 13,5 | 16 | 08 636 | 08 691 | 08 746 | 08 802 | 08 857 |
| 14,4 | 17 | 08 486 | 08 541 | 08 596 | 08 652 | 08 707 |
| 15,3 | 18 | 08 336 | 08 391 | 08 446 | 08 502 | 08 557 |
| 16,3 | 19 | 08 187 | 08 242 | 08 297 | 08 353 | 08 408 |
| 17,4 | 20 | 08 038 | 08 093 | 08 148 | 08 204 | 08 259 |
| 18,5 | 21 | 07 890 | 07 945 | 08 000 | 08 056 | 08 111 |
| 19,6 | 22 | 07 742 | 07 797 | 07 852 | 07 908 | 07 963 |
| 20,9 | 23 | 07 595 | 07 650 | 07 705 | 07 761 | 07 816 |
| 22,2 | 24 | 07 449 | 07 504 | 07 559 | 07 615 | 07 670 |

| | 56 | 152 | 149 | 146 |
|---|---|---|---|---|
| 1 | 5,6 | 15,2 | 14,9 | 14,6 |
| 2 | 11,2 | 30,4 | 29,8 | 29,2 |
| 3 | 16,8 | 45,6 | 44,7 | 43,8 |
| 4 | 22,4 | 60,8 | 59,6 | 58,4 |
| 5 | 28,0 | 76,0 | 74,5 | 73,0 |
| 6 | 33,6 | 91,2 | 89,4 | 87,6 |
| 7 | 39,2 | 106,4 | 104,3 | 102,2 |
| 8 | 44,8 | 121,6 | 119,2 | 116,8 |
| 9 | 50,4 | 136,8 | 134,1 | 131,4 |

Erläuterungen zu Tafel VII auf Seite 59 und 62.

## Volumetrische Bestimmung wichtiger Gase.

Den log des Gewichtes von a ccm eines der nachstehend aufgeführten Gase, gemessen bei $t^0$ und p mm Druck, erhält man, wenn man zum log von a addiert den an entsprechender Stelle der Tafel VII entnommenen log und den zu dem fraglichen Gase gehörenden log aus der letzten Spalte der hier folgenden Zusammenstellung. — Ist das Gas feucht gemessen, so ist bei der Ablesung des Druckes die Wasserdampftension in Abzug zu bringen, auch die Barometerablesung zu korrigieren, wie es in den Erläuterungen zu Tafel VII angegeben ist.

| Gase | Formel | Gefundenes Litergewicht unter Normalverhältnissen | | Für die Reduktion mit Hilfe der Tafel VII | |
|---|---|---|---|---|---|
| | | g | log | Faktor | log |
| Acetylen | $C_2H_2$ | 1,1707 | 06 845 | 0,9362 | 97 137 |
| Ammoniak | $NH_3$ | 0,7719 | 88 756 | 0,6173 | 79 048 |
| Chlor | $Cl_2$ | 3,2201 | 50 788 | 2,5751 | 41 080 |
| Chlorwasserstoff | $HCl$ | 1,6407 | 21 504 | 1,3121 | 11 796 |
| Kohlendioxyd | $CO_2$ | 1,9763 | 29 586 | 1,5804 | 19 878 |
| Kohlenoxyd | $CO$ | 1,2501 | 09 695 | 0,9997 | 99 987 |
| Luft | — | 1,29273 | 11 151 | 1,0338 | 01 443 |
| Methan | $CH_4$ | 0,7208 | 85 783 | 0,5764 | 76 075 |
| Normalgas | $\frac{1}{32}O_2$ | 0,044656 | 64 988 | 0,03568 | 55 244 |
| Sauerstoff | $O_2$ | 1,42900 | 15 503 | 1,1427 | 05 795 |
| Schwefeldioxyd | $SO_2$ | 2,9267 | 46 637 | 2,3404 | 36 929 |
| Schwefelwasserstoff | $H_2S$ | 1,5374 | 18 688 | 1,2296 | 08 980 |
| Stickstoff | $N_2$ | 1,2505 | 09 708 | 1,0000 | 00 000 |
| Stickstoffoxyd | $NO$ | 1,3428 | 12 800 | 1,0738 | 03 092 |
| Stickstoffoxydul | $N_2O$ | 1,9780 | 29 623 | 1,5818 | 19 915 |
| Wasserstoff | $H_2$ | 0,089873 | 95 363 | 0,07187 | 85 655 |

1 ccm Gas vom Molekulargewicht m wiegt bei dem Drucke p (in cm Quecksilber) und der Temperatur T (in absoluter Zählung)

$$m \cdot 0{,}16033 \frac{p}{T} \text{ Gramm (log } 16033 = 20501).$$

Erläuterungen zu Tafel VIII siehe Seite 63.

## Volumetrische Bestimmung von Gase entwickelnden Stoffen.

Entwickelt ein Stoff durch eine Reaktion a ccm eines Gases, gemessen bei $t^0$ und p mm Druck, so erhält man den log des Gewichtes g des gasentwickelnden Stoffes, wenn man zum log von a addiert den der entsprechenden Stelle der Tafel VII entnommenen log und den zu dem fraglichen Stoffe gehörenden Umrechnungs-log aus der letzten Spalte der hier folgenden Zusammenstellung. Ist das Gas feucht gemessen, so ist bei der Ablesung des Druckes die Wasserdampftension in Abzug zu bringen, auch kann die Barometerablesung korrigiert werden, wie es in den Erläuterungen zu Tafel VII angegeben ist.

| Gemessenes Gas | Gesuchter Stoff | 1 ccm Gas (red.) entspricht vom gesuchten Stoff mg | log | Umrechnungs-log zu addieren zum log der Tafel VII |
|---|---|---|---|---|
| Acetylen | $CaC_2$ | 2,883 | 45 979 | 36 271 |
| Sauerstoff | $H_2O_2$ | 3,038 | 48 259 | 38 551 |
| | $KMnO_4$ | 5,646 | 75 171 | 65 463 |
| Stickoxyd | $HNO_3$ | 2,820 | 45 021 | 35 313 |
| | $KNO_3$ | 4,524 | 65 552 | 55 844 |
| | $N_2$ | 0,627 | 79 717 | 70 009 |
| | $N_2O_5$ | 2,417 | 38 320 | 28 612 |
| | $NO_3$ | 2,775 | 44 319 | 34 611 |
| | $NaNO_3$ | 3,804 | 58 020 | 48 312 |
| Wasserstoff | Fe | 2,489 | 39 609 | 29 901 |
| | Zn | 2,914 | 46 452 | 36 744 |

Erläuterungen zu Tafel IX siehe Seite 65.

# Tafel X

## Berechnung „indirekter“ Analysen.

| Bestandteile des Gemisches g: x | y | gewogene Umsetzungs-produkte g' | Prozentgehalt des Gemisches an dem Bestandteile y = a + b . (g' : g): a | b | log b |
|---|---|---|---|---|---|
| KCl | NaCl | AgCl | − 363,09 | + 188,87 | 27 616 |
| | | $K_2SO_4$; $Na_2SO_4$ | − 2518,9 | + 2155,4 | 33 352 |
| KCl | KBr | KCl | + 267,71 | − 267,71 | 42 766 |
| | | $K_2SO_4$ | + 267,71 | − 229,07 | 35 997 |
| | | AgCl; AgBr | + 557,94 | − 290,22 | 46 273 |
| | | AgCl | + 267,71 | − 139,25 | 14 380 |
| KCl | KJ | KCl | + 181,53 | − 181,53 | 25 894 |
| | | $K_2SO_4$ | + 181,53 | − 155,33 | 19 125 |
| | | AgCl; AgJ | + 378,31 | − 196,78 | 29 399 |
| | | AgCl | + 181,53 | − 94,42 | 97 508 |
| KBr | KJ | KCl | + 353,23 | − 563,86 | 75 117 |
| | | $K_2SO_4$ | + 353,23 | − 482,48 | 68 348 |
| | | AgBr; AgJ | + 964,50 | − 611,26 | 78 622 |
| | | AgCl | + 353,23 | − 293,30 | 46 731 |
| $K_2SO_4$ | $Na_2SO_4$ | $BaSO_4$ | − 441,11 | + 329,31 | 51 760 |
| $CaCO_3$ | $SrCO_3$ | $CO_2$ | + 310,39 | − 705,93 | 84 876 |
| | | $CaSO_4$; $SrSO_4$ | + 1171,22 | − 860,90 | 93 495 |
| AgCl | AgBr | AgCl | + 422,39 | − 422,39 | 62 571 |
| | | Ag | + 422,39 | − 561,23 | 74 914 |
| AgCl | AgJ | AgCl | + 256,72 | − 256,72 | 40 946 |
| | | Ag | + 256,72 | − 341,11 | 53 289 |
| AgBr | AgJ | AgCl | + 499,58 | − 654,53 | 81 593 |
| | | Ag | + 499,58 | − 869,68 | 93 936 |

## Halogenbestimmungen in Verbindungen oder Gemischen mit verschiedenen Halogenen.

### 1) Chlor und Brom.

Wenn g Gramm Substanz h Gramm Halogensilbergemisch lieferten und dieses durch Behandeln mit Chlor in c Gramm Chlorsilber überging, so enthielt die Substanz an

$$\text{Brom}^{1} = \frac{\text{Br}}{\text{Br}-\text{Cl}}\cdot(h - c) = 1{,}7976\cdot(h - c)\ \text{Gramm}$$

$$\text{Silber} = \frac{\text{Ag}}{\text{AgCl}}\cdot c = 0{,}75262\cdot c\ \text{Gramm.}$$

[1] Br bedeutet das Atomgewicht des Broms, (Br—Cl) die Differenz beider Atomgewichte u. s. w.

Erläuterungen zu Tafel X siehe Seite 67.

## Berechnung „indirekter“ Analysen.

$$\text{Chlor} = h - \frac{Ag}{AgCl} \cdot c - \frac{Br}{Br - Cl} \cdot (h - c)$$

$$= h - 0{,}75262 \cdot c - 1{,}7976 \cdot (h - c)$$

$$= 1{,}0450 \cdot c - 0{,}7976\ h \text{ Gramm.}$$

$$\text{Prozente Brom} = 179{,}76 \cdot \frac{h - c}{g} \qquad \log 179{,}76 = 25469$$

$$\text{Prozente Chlor} = \frac{100}{g}(1{,}0450\ c - 0{,}7976\ h)$$

$$\log 1{,}0450 = 01912 \qquad \log = 0{,}7976 = 90179$$

2) Chlor und Jod.

Man erhält ganz analog

$$\text{Prozente Jod} = 138{,}77\ \frac{h - c}{g} \qquad \log 138{,}77 = 14230$$

$$\text{Prozente Chlor} = \frac{100}{g}(0{,}6351\ c - 0{,}3877\ h)$$

$$\log 0{,}6351 = 80284 \qquad \log 0{,}3877 = 58850$$

3) Zwei Halogene in organischen Körpern.

Ist M das Molekulargewicht einer organischen Substanz, welche $\beta$ Atome Cl enthält und beim Bromieren $\alpha$ Atome Brom (durch Addition oder Substitution) aufnimmt, so ist, wenn S Gramme der Substanz H Gramme Halogensilber geben, die gesuchte Zahl[1]

$$\alpha = \frac{M . H - 143{,}5\ \beta . S}{188\ S - 80\ H}.$$

Analog für

$$\text{jodiertes Chlorid} \quad \alpha = \frac{M . H - 143{,}5\ \beta . S}{235\ S - 127\ H}$$

$$\text{chloriertes Bromid} \quad \alpha = \frac{M . H - 188\ \beta . S}{143{,}5\ S - 35{,}5\ H}$$

$$\text{jodiertes Bromid} \quad \alpha = \frac{M . H - 188\ \beta . S}{235\ S - 127\ H}$$

$$\text{chloriertes Jodid} \quad \alpha = \frac{M . H - 235\ \beta . S}{143{,}5\ S - 35{,}5\ H}$$

$$\text{bromiertes Jodid} \quad \alpha = \frac{M . H - 235\ \beta . S}{188\ S - 80\ H}.$$

---

[1] Nach Mitteilung des Herrn Dr. A. Klages.

Erläuterungen zu Tafel X siehe Seite 67.

# Molekulargewichtsbestimmung.

## I. Durch Luftverdrängung (Victor Meyer).

$$M = \frac{28{,}02}{\text{ccm}} \cdot \frac{G}{g\,\text{VII}}; \quad \log M = 44747 + \log G + (1 - \log \text{ccm}) + (1 - \log g\,\text{VII}).$$

M = gesuchtes Molekulargewicht; ccm = abgelesenes Luftvolum in ccm; G = angewandte Gramme Substanz; g VII = g-Werte der Tafel VII, also (1 — log g VII) die dekadischen Ergänzungen der log der Tafel VII.

## II. Durch Gefrierpunktserniedrigung oder Siedepunktserhöhung.

$$M = K \cdot \frac{G}{L} \cdot \frac{1}{\Delta}; \quad \log M = \log K + \log G + (1 - \log L) + (1 - \log \Delta).$$

M = gesuchtes Molekulargewicht; K = Konstante des Lösungsmittels; G = Gramme gelöster Substanz; L = Gramme Lösungsmittel; $\Delta$ = Gefrierpunktserniedrigung resp. Siedepunktserhöhung in Graden.

| Volumgewicht bei 18° | Für Gefrierpunktserniedrigung: Lösungsmittel | Gefrierp. | K | log K | Für Siedepunktserhöhung: Lösungsmittel | Siedep. | K | log K |
|---|---|---|---|---|---|---|---|---|
| 2,181 | Äthylenbromid | +10,2 | 11 800 | 07 188 | Aceton | 56,5 | 1800 | 25 527 |
| 1,222 | Ameisensäure | + 8,5 | 2 770 | 44 248 | Äther | 35 | 2110 | 32 428 |
| 0,882 | Benzol | + 5,5 | 5 100 | 70 757 | Alkohol | 78,3 | 1150 | 06 070 |
| 2,90 | Bromoform | + 8 | 14 400 | 15 836 | Anilin | 183 | 3200 | 50 515 |
| 1,052 | Eisessig | +17,7 | 3 900 | 59 106 | Benzol | 80,5 | 2600 | 41 497 |
| — | Naphtalin | +80 | 6 900 | 83 885 | Chloroform | 61 | 3600 | 55 630 |
| 1,18 | Nitrobenzol | + 5,3 | 7 070 | 84 942 | Eisessig | 118 | 2530 | 40 312 |
| — | Phenantren | +97 | 12 000 | 07 918 | Methylalkohol | 66 | 930 | 96 848 |
| — | Phenol | +39 | 7 200 | 85 733 | Schwefelkohlenstoff | 47 | 2350 | 37 107 |
| 1,68 | Phosphoroxychlorid | — 1,8 | 6 900 | 83 885 | Wasser | 100 | 520 | 71 600 |
| 0,998 | Wasser | — 0,0 | 1 850 | 26 717 | | | | |
| — | Zinnbromid | +30 | 28 000 | 44 716 | | | | |

## Einige Konstanten.

$\pi = 3{,}14159\ldots \log \pi = 49\,715$; $e = 2{,}71828\ldots \log e = 43\,429$; $\log 43\,429 = 63\,778$; $\log \text{nat}\,10 = 2{,}302585$; $\log 2{,}302585 = 36\,222$.

| Maasssystem | Werte für die Gaskonstante R: $\frac{\text{Erg}}{\text{Celsiusgrade}}$ | $\frac{\text{Literatmosphären}}{\text{Celsiusgrade}}$ | $\frac{\text{calor.}}{\text{Celsiusgrade}}$ | Konstante R:F $\frac{\text{Volt}}{\text{Celsiusgrade}}$ |
|---|---|---|---|---|
| Wert | $8{,}3155 \cdot 10^7$ | 0,082068 | 1,9851 | $8{,}6134 \cdot 10^{-5}$ |
| log | 91 989 | 91 417 | 29 778 | 93 517 |

Erläuterungen zu Tafel XI siehe Seite 71.

## Tafel XII

### Volumbestimmung durch Auswiegen.

Ein Glasgefäß fasse bei $t^0$ w Gramm Wasser resp. q Gramm Quecksilber. Das Volum des Glasgefäßes ist dann bei $18^0$

$V_{18} = w \cdot W$, resp. $V_{18} = q \cdot Q$.

| t | W | log W | Q | log Q |
|---|---|---|---|---|
| 0 | 1,00 164 | 000 7117 | 0,073 583 | 866 7775 |
| 1 | 156 | 6770 | 595 | 8483 |
| 2 | 149 | 6466 | 606 | 9132 |
| 3 | 144 | 6249 | 618 | 9840 |
| 4 | 141 | 6119 | 629 | 867 0489 |
| 5 | 1,00 139 | 000 6033 | 0,073 641 | 867 1197 |
| 6 | 139 | 6033 | 652 | 1845 |
| 7 | 140 | 6076 | 664 | 2553 |
| 8 | 143 | 6206 | 675 | 3201 |
| 9 | 147 | 6380 | 687 | 3909 |
| 10 | 1,00 153 | 000 6640 | 0,073 698 | 867 4557 |
| 11 | 160 | 6943 | 710 | 5264 |
| 12 | 168 | 7290 | 721 | 5912 |
| 13 | 178 | 7724 | 733 | 6619 |
| 14 | 189 | 8201 | 744 | 7267 |
| 15 | 1,00 201 | 000 8720 | 0,073 756 | 867 7974 |
| 16 | 214 | 9284 | 767 | 8621 |
| 17 | 229 | 9934 | 779 | 9328 |
| 18 | 244 | 001 0584 | 790 | 9975 |
| 19 | 261 | 1320 | 802 | 868 0681 |
| 20 | 1,00 278 | 001 2056 | 0,073 813 | 868 1329 |
| 21 | 297 | 2879 | 825 | 2035 |
| 22 | 317 | 3745 | 836 | 2682 |
| 23 | 338 | 4654 | 848 | 3387 |
| 24 | 360 | 5607 | 860 | 4093 |
| 25 | 1,00 383 | 001 6602 | 0,073 871 | 868 4740 |
| 26 | 406 | 7597 | 882 | 5386 |
| 27 | 431 | 8678 | 894 | 6092 |
| 28 | 457 | 9802 | 905 | 6738 |
| 29 | 484 | 002 0969 | 917 | 7443 |

Dichten des Quecksilbers s. S. 107.

Erläuterungen zu Tafel XII siehe Seite 71.

# Tafel XIII.

## Löslichkeit wichtiger Stoffe bei 15°.

| Stoffe | Formel | % | anh. | m.-n | V.-G. |
|---|---|---|---|---|---|
| Ammonkarbon. (käufl.) | $NH_4HCO_3 \cdot NH_4CO_2NH_2$ | 20 | | 1,36 | 1,07 |
| Ammoniumchlorid | $NH_4Cl$ | 26,0 | | 5,22 | 1,073 |
| Ammoniumeisenalaun | $NH_4Fe(SO_4)_2 \cdot 12H_2O$ | 42,94 | 23,66 | 1,083 | 1,217 |
| Ammoniumferrosulfat | $(NH_4)_2Fe(SO_4)_2 \cdot 6H_2O$ | 27,23 | 19,72 | 0,811 | 1,168 |
| Ammoniumoxalat | $(NH_4)_2C_2O_4 \cdot H_2O$ | 4,22 | 3,69 | 0,302 | 1,017 |
| Ammoniumsulfat | $(NH_4)_2SO_4$ | 42,6 | | 4,01 | 1,244 |
| Bariumchlorid | $BaCl_2 \cdot 2H_2O$ | 31,0 | 25,6 | 1,57 | 1,277 |
| Bariumhydroxyd | $Ba(OH)_2 \cdot 8H_2O$ | 5,41 | 2,94 | 0,177 | 1,030 |
| Bleinitrat | $Pb(NO_3)_2$ | 32,5 | | 1,35 | 1,373 |
| Calciumchlorid | $CaCl_2 \cdot 6H_2O$ | 80,9 | 41,0 | 5,22 | 1,413 |
| Eisenchlorid | $FeCl_3 \cdot 6H_2O$ | 77,3 | 46,4 | 4,31 | 1,508 |
| Eisenchlorür | $FeCl_2 \cdot 4H_2O$ | 63,1 | 40,2 | 4,66 | 1,47 |
| Eisenvitriol | $FeSO_4 \cdot 7H_2O$ | 35,42 | 19,36 | 1,539 | 1,208 |
| Ferrocyankalium | $K_4Fe(CN)_6 \cdot 3H_2O$ | 20,6 | 18,0 | 0,558 | 1,141 |
| Kaliumbichromat | $K_2Cr_2O_7$ | 8,34 | | 0,301 | 1,062 |
| Kaliumbromid | $KBr$ | 38.9 | | 4,42 | 1,351 |
| Kaliumchlorat | $KClO_3$ | 5,79 | | 0,490 | 1,037 |
| Kaliumchlorid | $KCl$ | 24,4 | | 3,82 | 1,167 |
| Kaliumchromat | $K_2CrO_4$ | 38,2 | | 2,71 | 1,380 |
| Kaliumjodid | $KJ$ | 58,4 | | 6,00 | 1,705 |
| Kaliumpermanganat | $KMnO_4$ | 4,95 | | 0,325 | 1,036 |
| Kaliumsulfat | $K_2SO_4$ | 9,25 | | 0,571 | 1,076 |
| Kupfersulfat | $CuSO_4 \cdot 5H_2O$ | 25,34 | 16,20 | 1,203 | 1,185 |
| Magnesiumsulfat | $MgSO_4 \cdot 7H_2O$ | 51,0 | 24,9 | 2,65 | 1,281 |
| Mangansulfat | $MnSO_4 \cdot 5H_2O$ | 61,9 | 37,9 | 3,68 | 1,465 |
| Natriumacetat | $NaC_2H_3O_2 \cdot 3H_2O$ | 50,3 | 30,3 | 4,28 | 1,158 |
| Natriumcarbonat | $Na_2CO_3 \cdot 10H_2O$ | 37,8 | 14,0 | 1,52 | 1,148 |
| Natriumchlorid | $NaCl$ | 26 35 | | 5,422 | 1,203 |
| Natriumphosphat, sec. | $Na_2HPO_4 \cdot 12H_2O$ | 15,0 | 5,95 | 0,444 | 1,060 |
| Natriumsulfat | $Na_2SO_4 \cdot 10H_2O$ | 26,54 | 11,70 | 0,913 | 1,108 |
| Natriumtetraborat | $Na_2B_4O_7 \cdot 10H_2O$ | 3,8 | 2,0 | 0,10 | 1,020 |
| Natriumthiosulfat | $Na_2S_2O_3 \cdot 5H_2O$ | 62,0 | 39,5 | 3,44 | 1,377 |
| Oxalsäure | $H_2C_2O_4 \cdot 2H_2O$ | 10,8 | 7,7 | 0,89 | 1,038 |
| Quecksilberchlorid | $HgCl_2$ | 6,54 | | 0,254 | 1,056 |
| Silbernitrat | $AgNO_3$ | 64,9 | | 7,83 | 2,05 |
| Zinksulfat | $ZnSO_4 \cdot 7H_2O$ | 60,03 | 33,70 | 3,01 | 1,44 |
| Zinnchlorür | $SnCl_2 \cdot 2H_2O$ | 86,9 | 73,0 | 8,03 | 2,09 |

Unter anh. steht der Prozentgehalt der gesättigten Lösung an wasserfreiem Stoffe.

Erläuterungen zu Tafel XIII siehe Seite 72.

## Volumgewicht und Normalität von Lösungen. Herstellung von Normallösungen.

| V.-G. bei $\frac{15^0}{4^0}$ | Normalität der Lösungen $H_2SO_4$ | HCl | $HNO_3$ | KOH | NaOH | $Na_2CO_3$ | V.-G. bei $\frac{15^0}{4^0}$ | Normal. $NH_3$ |
|---|---|---|---|---|---|---|---|---|
| 1,010 | 0,324 | 0,593 | 0,305 | 0,213 | 0,239 | 0,198 | 0,995 | 0,666 |
| 1,020 | 0,634 | 1,155 | 0,599 | 0,413 | 0,464 | 0,383 | 0,990 | 1,224 |
| 1,030 | 0,951 | 1,737 | 0,899 | 0,616 | 0,700 | 0,571 | 0,985 | 1,934 |
| 1,040 | 1,264 | 2,328 | 1,197 | 0,822 | 0,939 | 0,762 | 0,980 | 2,637 |
| 1,050 | 1,578 | 2,929 | 1,497 | 1,032 | 1,182 | 0,956 | 0,975 | 3,343 |
| 1,060 | 1,896 | 3,544 | 1,796 | 1,246 | 1,431 | 1,153 | 0,970 | 4,043 |
| 1,070 | 2,223 | 4,158 | 2,092 | 1,462 | 1,684 | 1,353 | 0,965 | 4,740 |
| 1,080 | 2,555 | 4,784 | 2,389 | 1,682 | 1,942 | 1,556 | 0,960 | 5,453 |
| 1,090 | 2,887 | 5,414 | 2,685 | 1,903 | 2,205 | 1,762 | 0,955 | 6,208 |
| 1,100 | 3,219 | 6,037 | 2,985 | 2,128 | 2,472 | 1,971 | 0,950 | 6,966 |
| 1,110 | 3,556 | 6,673 | 3,287 | 2,356 | 2,744 | 2,183 | 0,945 | 7,722 |
| 1,120 | 3,885 | 7,317 | 3,594 | 2,586 | 3,021 | 2,408 | 0,940 | 8,480 |
| 1,130 | 4,219 | 7,981 | 3,902 | 2,819 | 3,302 | 2,626 | 0,935 | 9,251 |
| 1,140 | 4,559 | 8,648 | 4,215 | 3,046 | 3,588 | 2,847 | 0,930 | 10,03 |
| 1,150 | 4,903 | 9,327 | 4,531 | 3,292 | 3,878 | 3,071 | 0,925 | 10,81 |
| 1,160 | 5,249 | 10,03 | 4,850 | 3,532 | 4,173 | | 0,920 | 11,59 |
| 1,170 | 5,600 | 10,74 | 5,174 | 3,778 | 4,472 | | 0,915 | 12,39 |
| 1,180 | 5,958 | 11,45 | 5,499 | 4,023 | 4,776 | | 0,910 | 13,19 |
| 1,190 | 6,319 | 12,15 | 5,828 | 4,272 | 5,084 | | 0,905 | 13,99 |
| 1,200 | 6,685 | 12,87 | 6,159 | 4,523 | 5,397 | | 0,900 | 14,80 |
| 1,210 | 7,052 | | 6,490 | 4,776 | 5,714 | | 0,895 | 15,61 |
| 1,220 | 7,424 | | 6,827 | 5,030 | 6,039 | | 0,890 | 16,42 |
| 1,230 | 7,803 | | 7,175 | 5,288 | 6,365 | | 0,885 | 17,30 |
| 1,240 | 8,162 | | 7,531 | 5,550 | 6,693 | | 0,880 | 18,26 |
| 1,250 | 8,521 | | 7,894 | 5,811 | 7,032 | | | |
| 1,260 | 8,882 | | 8,261 | 6,075 | 7,375 | | | |
| 1,270 | 9,248 | | 8,635 | 6,341 | 7,722 | | | |
| 1,280 | 9,623 | | 9,016 | 6,609 | 8,078 | | | |
| 1,290 | 10,00 | | 9,401 | 6,882 | 8,432 | | | |
| 1,300 | 10,39 | | 9,792 | 7,153 | 8,795 | | | |
| 1,310 | 10,78 | | 10,20 | 7,423 | 9,166 | | | |
| 1,320 | 11,17 | | 10,62 | 7,704 | 9,542 | | | |
| 1,330 | 11,57 | | 11,05 | 7,981 | 9,921 | | | |
| 1,340 | 11,95 | | 11,49 | 8,264 | 10,309 | | | |
| 1,350 | 12,34 | | 11,95 | 8,547 | 10,704 | | | |

Erläuterungen zu Tafel XIV siehe Seite 72.

## Wheatstonesche Brücke. Logarithmen

Die Kennziffer ist − 3 für a von 001 bis 009; − 2 für a von 010 bis 090; − 1 für a von 091 bis 499.

| a | 0 | 1 | 2 | 3 | 4 | 5 | 6 | 7 | 8 | 9 |
|---|---|---|---|---|---|---|---|---|---|---|
| 00 | — | 00 043 | 30 190 | 47 842 | 60 380 | 70 115 | 78 076 | 84 815 | 90 658 | 95 |
| 01 | 00 436 | 04 619 | 08 442 | 11 962 | 15 225 | 18 265 | 21 112 | 23 790 | 26 316 | 28 |
| 02 | 30 980 | 33 144 | 35 208 | 37 184 | 39 076 | 40 894 | 42 641 | 44 325 | 45 949 | 47 |
| 03 | 49 035 | 50 504 | 51 927 | 53 308 | 54 650 | 55 954 | 57 222 | 58 457 | 59 660 | 60 |
| 04 | 61 979 | 63 096 | 64 188 | 65 256 | 66 299 | 67 321 | 68 321 | 69 301 | 70 260 | 71 |
| 05 | 72 125 | 73 030 | 73 919 | 74 793 | 75 650 | 76 493 | 77 322 | 78 136 | 78 938 | 79 |
| 06 | 80 502 | 81 266 | 82 019 | 82 760 | 83 490 | 84 210 | 84 919 | 85 619 | 86 309 | 86 |
| 07 | 87 662 | 88 324 | 88 978 | 89 624 | 90 262 | 90 892 | 91 514 | 92 129 | 92 736 | 93 |
| 08 | 93 930 | 94 517 | 95 097 | 95 671 | 96 238 | 96 800 | 97 355 | 97 905 | 98 449 | 98 |
| 09 | 99 520 | 00 048 | 00 570 | 01 087 | 01 600 | 02 107 | 02 610 | 03 108 | 03 602 | 04 |
| 10 | 04 576 | 05 056 | 05 532 | 06 005 | 06 472 | 06 937 | 07 397 | 07 853 | 08 306 | 08 |
| 11 | 09 200 | 09 642 | 10 081 | 10 516 | 10 947 | 11 376 | 11 801 | 12 223 | 12 641 | 13 |
| 12 | 13 470 | 13 880 | 14 287 | 14 691 | 15 092 | 15 490 | 15 886 | 16 279 | 16 669 | 17 |
| 13 | 17 442 | 17 825 | 18 205 | 18 583 | 18 958 | 19 331 | 19 703 | 20 071 | 20 437 | 20 |
| 14 | 21 163 | 21 523 | 21 880 | 22 236 | 22 589 | 22 940 | 23 289 | 23 637 | 23 982 | 24 |
| 15 | 24 667 | 25 007 | 25 344 | 25 681 | 26 015 | 26 347 | 26 678 | 27 007 | 27 335 | 27 |
| 16 | 27 984 | 28 307 | 28 628 | 28 946 | 29 263 | 29 579 | 29 894 | 30 207 | 30 519 | 30 |
| 17 | 31 137 | 31 445 | 31 750 | 32 054 | 32 357 | 32 659 | 32 958 | 33 257 | 33 555 | 33 |
| 18 | 34 146 | 34 440 | 34 732 | 35 023 | 35 313 | 35 601 | 35 889 | 36 175 | 36 460 | 36 |
| 19 | 37 026 | 37 308 | 37 589 | 37 869 | 38 146 | 38 423 | 38 700 | 38 975 | 39 250 | 39 |
| 20 | 39 794 | 40 065 | 40 335 | 40 604 | 40 872 | 41 138 | 41 405 | 41 670 | 41 933 | 42 |
| 21 | 42 459 | 42 720 | 42 981 | 43 241 | 43 499 | 43 757 | 44 013 | 44 270 | 44 525 | 44 7 |
| 22 | 45 033 | 45 285 | 45 537 | 45 788 | 46 039 | 46 288 | 46 537 | 46 785 | 47 031 | 47 2 |
| 23 | 47 524 | 47 768 | 48 013 | 48 256 | 48 499 | 48 741 | 48 982 | 49 223 | 49 463 | 49 7 |
| 24 | 49 940 | 50 178 | 50 415 | 50 651 | 50 887 | 51 122 | 51 357 | 51 591 | 51 823 | 52 0 |
| 25 | 52 288 | 52 519 | 52 750 | 52 980 | 53 209 | 53 438 | 53 667 | 53 894 | 54 122 | 54 3 |
| 26 | 54 574 | 54 800 | 55 024 | 55 249 | 55 472 | 55 696 | 55 918 | 56 141 | 56 362 | 56 5 |
| 27 | 56 804 | 57 024 | 57 244 | 57 463 | 57 681 | 57 899 | 58 117 | 58 334 | 58 550 | 58 7 |
| 28 | 58 983 | 59 198 | 59 413 | 59 627 | 59 841 | 60 053 | 60 267 | 60 479 | 60 691 | 60 9 |
| 29 | 61 114 | 61 324 | 61 535 | 61 745 | 61 955 | 62 163 | 62 372 | 62 580 | 62 788 | 62 9 |
| 30 | 63 202 | 63 409 | 63 615 | 63 821 | 64 026 | 64 232 | 64 436 | 64 641 | 64 844 | 65 0 |
| 31 | 65 251 | 65 454 | 65 656 | 65 858 | 66 061 | 66 262 | 66 463 | 66 664 | 66 865 | 67 0 |
| 32 | 67 264 | 67 464 | 67 663 | 67 861 | 68 060 | 68 258 | 68 456 | 68 653 | 68 850 | 69 0 |
| 33 | 69 244 | 69 440 | 69 636 | 69 831 | 70 028 | 70 222 | 70 417 | 70 612 | 70 806 | 71 0 |
| 34 | 71 194 | 71 386 | 71 580 | 71 772 | 71 966 | 72 158 | 72 350 | 72 542 | 72 733 | 72 9 |
| 35 | 73 116 | 73 307 | 73 496 | 73 687 | 73 877 | 74 067 | 74 256 | 74 446 | 74 634 | 74 8 |
| 36 | 75 012 | 75 201 | 75 389 | 75 577 | 75 764 | 75 952 | 76 139 | 76 327 | 76 513 | 76 7 |
| 37 | 76 886 | 77 072 | 77 258 | 77 444 | 77 630 | 77 815 | 78 001 | 78 185 | 78 370 | 78 5 |
| 38 | 78 739 | 78 923 | 79 107 | 79 291 | 79 475 | 79 658 | 79 842 | 80 025 | 80 208 | 80 3 |
| 39 | 80 573 | 80 756 | 80 939 | 81 120 | 81 303 | 81 484 | 81 666 | 81 847 | 82 028 | 82 2 |
| 40 | 82 391 | 82 571 | 82 753 | 82 934 | 83 113 | 83 294 | 83 474 | 83 654 | 83 834 | 84 0 |
| 41 | 84 193 | 84 372 | 84 552 | 84 731 | 84 910 | 85 089 | 85 268 | 85 447 | 85 626 | 85 8 |
| 42 | 85 982 | 86 160 | 86 338 | 86 516 | 86 695 | 86 872 | 87 050 | 87 228 | 87 404 | 87 5 |
| 43 | 87 760 | 87 937 | 88 113 | 88 291 | 88 467 | 88 644 | 88 821 | 88 997 | 89 173 | 89 3 |
| 44 | 89 526 | 89 703 | 89 879 | 90 054 | 90 231 | 90 407 | 90 582 | 90 758 | 90 934 | 91 1 |
| 45 | 91 285 | 91 461 | 91 636 | 91 811 | 91 987 | 92 161 | 92 336 | 92 512 | 92 687 | 92 8 |
| 46 | 93 037 | 93 211 | 93 386 | 93 561 | 93 736 | 93 910 | 94 085 | 94 259 | 94 434 | 94 6 |
| 47 | 94 782 | 94 956 | 95 131 | 95 305 | 95 479 | 95 653 | 95 828 | 96 002 | 96 176 | 96 3 |
| 48 | 96 524 | 96 698 | 96 872 | 97 046 | 97 220 | 97 393 | 97 568 | 97 741 | 97 915 | 98 0 |
| 49 | 98 263 | 98 436 | 98 611 | 98 784 | 98 958 | 99 132 | 99 305 | 99 479 | 99 653 | 99 8 |
| a | 0 | 1 | 2 | 3 | 4 | 5 | 6 | 7 | 8 | 9 |

Erläuterungen zu Tafel XV siehe Seite 73.

## rte von a:(1000 – a) für a von 1 bis 999.

| | 0 | 1 | 2 | 3 | 4 | 5 | 6 | 7 | 8 | 9 |
|---|---|---|---|---|---|---|---|---|---|---|
| 0 | 00 000 | 00 174 | 00 347 | 00 521 | 00 695 | 00 868 | 01 042 | 01 216 | 01 389 | 01 564 |
| 1 | 01 737 | 01 911 | 02 085 | 02 259 | 02 432 | 02 607 | 02 780 | 02 954 | 03 128 | 03 302 |
| 2 | 03 476 | 03 650 | 03 824 | 03 998 | 04 172 | 04 347 | 04 521 | 04 695 | 04 869 | 05 044 |
| 3 | 05 218 | 05 392 | 05 566 | 05 741 | 05 915 | 06 090 | 06 264 | 06 439 | 06 614 | 06 789 |
| 4 | 06 963 | 07 139 | 07 313 | 07 488 | 07 664 | 07 839 | 08 013 | 08 189 | 08 364 | 08 539 |
| 5 | 08 715 | 08 890 | 09 066 | 09 242 | 09 418 | 09 593 | 09 769 | 09 946 | 10 121 | 10 297 |
| 6 | 10 474 | 10 650 | 10 827 | 11 003 | 11 179 | 11 356 | 11 533 | 11 709 | 11 887 | 12 063 |
| 7 | 12 240 | 12 418 | 12 596 | 12 772 | 12 950 | 13 128 | 13 305 | 13 484 | 13 662 | 13 840 |
| 8 | 14 018 | 14 197 | 14 374 | 14 553 | 14 732 | 14 911 | 15 090 | 15 269 | 15 448 | 15 628 |
| 9 | 15 807 | 15 987 | 16 166 | 16 346 | 16 526 | 16 706 | 16 887 | 17 066 | 17 247 | 17 429 |
| 0 | 17 609 | 17 790 | 17 972 | 18 153 | 18 334 | 18 516 | 18 697 | 18 880 | 19 061 | 19 244 |
| 1 | 19 427 | 19 609 | 19 792 | 19 975 | 20 158 | 20 342 | 20 525 | 20 709 | 20 893 | 21 077 |
| 2 | 21 261 | 21 445 | 21 630 | 21 815 | 21 999 | 22 185 | 22 370 | 22 556 | 22 742 | 22 928 |
| 3 | 23 114 | 23 300 | 23 487 | 23 673 | 23 861 | 24 048 | 24 236 | 24 423 | 24 611 | 24 799 |
| 4 | 24 988 | 25 177 | 25 366 | 25 554 | 25 744 | 25 933 | 26 123 | 26 313 | 26 504 | 26 693 |
| 5 | 26 884 | 27 075 | 27 267 | 27 458 | 27 650 | 27 842 | 28 034 | 28 228 | 28 420 | 28 614 |
| 6 | 28 806 | 29 000 | 29 194 | 29 388 | 29 583 | 29 778 | 29 972 | 30 169 | 30 364 | 30 560 |
| 7 | 30 756 | 30 952 | 31 150 | 31 347 | 31 544 | 31 742 | 31 940 | 32 139 | 32 337 | 32 536 |
| 8 | 32 736 | 32 936 | 33 135 | 33 336 | 33 537 | 33 738 | 33 939 | 34 142 | 34 344 | 34 546 |
| 9 | 34 749 | 34 952 | 35 156 | 35 359 | 35 564 | 35 768 | 35 974 | 36 179 | 36 385 | 36 591 |
| 0 | 36 798 | 37 005 | 37 212 | 37 420 | 37 628 | 37 837 | 38 045 | 38 255 | 38 465 | 38 676 |
| 1 | 38 886 | 39 097 | 39 309 | 39 521 | 39 733 | 39 947 | 40 159 | 40 373 | 40 587 | 40 802 |
| 2 | 41 017 | 41 234 | 41 450 | 41 666 | 41 883 | 42 101 | 42 319 | 42 537 | 42 756 | 42 976 |
| 3 | 43 196 | 43 417 | 43 638 | 43 859 | 44 082 | 44 304 | 44 528 | 44 751 | 44 976 | 45 200 |
| 4 | 45 426 | 45 652 | 45 878 | 46 106 | 46 333 | 46 562 | 46 791 | 47 020 | 47 250 | 47 481 |
| 5 | 47 712 | 47 944 | 48 177 | 48 409 | 48 643 | 48 878 | 49 113 | 49 349 | 49 585 | 49 822 |
| 6 | 50 060 | 50 298 | 50 537 | 50 777 | 51 018 | 51 259 | 51 501 | 51 744 | 51 987 | 52 232 |
| 7 | 52 476 | 52 721 | 52 969 | 53 215 | 53 463 | 53 712 | 53 961 | 54 212 | 54 463 | 54 715 |
| 8 | 54 967 | 55 221 | 55 475 | 55 730 | 55 987 | 56 243 | 56 501 | 56 759 | 57 019 | 57 280 |
| 9 | 57 541 | 57 803 | 58 067 | 58 330 | 58 595 | 58 862 | 59 128 | 59 396 | 59 665 | 59 935 |
| 0 | 60 206 | 60 478 | 60 750 | 61 025 | 61 300 | 61 577 | 61 854 | 62 131 | 62 411 | 62 692 |
| 1 | 62 974 | 63 256 | 63 540 | 63 825 | 64 111 | 64 399 | 64 687 | 64 977 | 65 268 | 65 560 |
| 2 | 65 854 | 66 149 | 66 445 | 66 743 | 67 042 | 67 341 | 67 643 | 67 946 | 68 250 | 68 555 |
| 3 | 68 863 | 69 171 | 69 481 | 69 793 | 70 106 | 70 421 | 70 737 | 71 054 | 71 372 | 71 693 |
| 4 | 72 016 | 72 340 | 72 667 | 72 993 | 73 322 | 73 653 | 73 985 | 74 319 | 74 656 | 74 993 |
| 5 | 75 333 | 75 674 | 76 018 | 76 363 | 76 711 | 77 060 | 77 411 | 77 764 | 78 120 | 78 477 |
| 6 | 78 837 | 79 199 | 79 563 | 79 929 | 80 297 | 80 669 | 81 042 | 81 417 | 81 795 | 82 175 |
| 7 | 82 558 | 82 943 | 83 331 | 83 721 | 84 114 | 84 510 | 84 908 | 85 309 | 85 713 | 86 120 |
| 8 | 86 530 | 86 943 | 87 359 | 87 777 | 88 199 | 88 624 | 89 053 | 89 484 | 89 919 | 90 358 |
| 9 | 90 800 | 91 245 | 91 694 | 92 147 | 92 603 | 93 063 | 93 528 | 93 995 | 94 468 | 94 944 |
| 0 | 95 424 | 95 908 | 96 398 | 96 892 | 97 390 | 97 893 | 98 400 | 98 913 | 99 430 | 99 952 |
| 1 | 00 480 | 01 013 | 01 551 | 02 095 | 02 645 | 03 200 | 03 762 | 04 329 | 04 903 | 05 483 |
| 2 | 06 070 | 06 663 | 07 264 | 07 871 | 08 486 | 09 108 | 09 738 | 10 376 | 11 022 | 11 676 |
| 3 | 12 338 | 13 010 | 13 691 | 14 381 | 15 081 | 15 790 | 16 510 | 17 240 | 17 981 | 18 734 |
| 4 | 19 498 | 20 274 | 21 062 | 21 864 | 22 678 | 23 507 | 24 350 | 25 207 | 26 081 | 26 970 |
| 5 | 27 875 | 28 798 | 29 740 | 30 699 | 31 679 | 32 679 | 33 701 | 34 744 | 35 812 | 36 904 |
| 6 | 38 021 | 39 166 | 40 340 | 41 543 | 42 778 | 44 046 | 45 350 | 46 692 | 48 073 | 49 496 |
| 7 | 50 965 | 52 482 | 54 051 | 55 675 | 57 359 | 59 106 | 60 924 | 62 816 | 64 792 | 66 856 |
| 8 | 69 020 | 71 292 | 73 684 | 76 210 | 78 888 | 81 735 | 84 275 | 88 038 | 91 558 | 95 381 |
| 9 | 99 564 | 04 183 | 09 342 | 15 185 | 21 924 | 29 885 | 39 620 | 52 158 | 69 810 | 99 957 |
| | 0 | 1 | 2 | 3 | 4 | 5 | 6 | 7 | 8 | 9 |

Die Kennziffer ist 0 für a von 500 bis 909; + 1 für a von 910 bis 990; + 2 für a von 991 bis 999.

Erläuterungen zu Tafel XV siehe Seite 73.

# Tafel XVI

## Elektrochemische Konstanten.

1 F (Faraday) = 107,934 : 0,001 118 = 96 543 (log = 98 472) Coulombs oder Amp.-Sec. (nach Th. W. Richards ist 1 F = 107,934 : 0,001 1175 = 96 585 (log = 98 491) Coul.).

1 Coulomb = 1,118 mg Silber (nach Richards = 1,1175 mg).

### Elektrochemische Aequivalente.

Ein Strom von 1 Ampère scheidet ab resp. zersetzt:

| abgeschiedener od. zersetzter Stoff | Formel | in 1 Sekunde mg | log | in 1 Minute mg | log |
|---|---|---|---|---|---|
| mg-Äquivalente | — | 0,01036 | 01 528 | 0,6215 | 79 343 |
| Silber | Ag· | 1,118 | 04 844 | 67,08 | 82 659 |
| Kupfer | Cu·· | 0,3294 | 51 771 | 19,76 | 29 586 |
| Wasser | $H_2O$ | 0,09330 | 96 988 | 5,598 | 74 803 |
| | | ccm | log | ccm | log |
| Knallgas (red. auf 0° und 76 cm) | $O_2 + 2H_2$ | 0,1740 | 24 060 | 10,44 | 01 875 |
| Sauerstoff (red. auf 0° und 76 cm) | $O_2$ | 0,0580 | 76 334 | 3,48 | 54 149 |
| Wasserstoff (red. auf 0° und 76 cm) | $H_2$ | 0,1160 | 06 457 | 6,96 | 84 272 |

| | | in 1 Stunde g | log | in 1 Tag g | log |
|---|---|---|---|---|---|
| g-Äquivalente | — | 0,03729 | 57 158 | 0,8949 | 95 179 |
| Silber | Ag· | 4,025 | 60 474 | 96,59 | 98 495 |
| Kupfer | Cu·· | 1,186 | 07 401 | 28,46 | 45 422 |
| Wasser | $H_2O$ | 0,3359 | 52 618 | 8,061 | 90 639 |
| | | ccm | log | l | log |
| Knallgas (red. auf 0° und 76 cm) | $O_2 + 2H_2$ | 626,5 | 79 690 | 15,035 | 17 711 |
| Sauerstoff (red. auf 0° und 76 cm) | $O_2$ | 208,8 | 31 964 | 5,010 | 69 985 |
| Wasserstoff (red. auf 0° und 76 cm) | $H_2$ | 417,7 | 62 087 | 10,025 | 00 108 |

Spannung des Clark-Elementes

$$= 1{,}4328 - 0{,}00119\,(t - 15^0) - 0{,}000\,007\,(t - 15^0)^2 \text{ Volt.}$$

Spannung des Weston-Elementes

$$= 1{,}0186 - 0{,}000\,038\,(t - 20^0) - 0{,}000\,000\,65\,(t - 20^0)^2 \text{ Volt.}$$

### Spannung des Weston-Elementes (Amalgam 10 bis 13 % Cd)

| t | volt | t | volt | t | volt | t | volt |
|---|---|---|---|---|---|---|---|
| 10—12 | 1,0189 | 16—18 | 1,0187 | 22—23 | 1,0185 | 26—28 | 1,0183 |
| 13—15 | 1,0188 | 19—21 | 1,0186 | 24—25 | 1,0184 | 29—30 | 1,0182 |

Potential der Normalelektrode ist − 0,560 Volt (KCl = normal).

Potential der $\frac{1}{10}$-Normalelektrode ist − 0,613 Volt (KCl = $\frac{1}{10}$-normal).

# Erläuterungen
## zu den vorstehenden Tafeln.

---

### Tafel I
### Atomgewichte der Elemente.

Die Tafel enthält die Atomgewichte der mit genügender Sicherheit bekannt gewordenen Elemente.

Wie ersichtlich, sind diese Atomgewichte bald ohne, bald mit einer, bald mit mehreren Decimalstellen wiedergegeben. Es ist dieser Wechsel jedoch kein willkürlicher, es entspricht vielmehr die Anzahl der aufgenommenen Decimalstellen der Sicherheit, mit welcher die Atomgewichte der einzelnen Elemente als bekannt gelten dürfen. Die aus den fraglichen Bestimmungen sich berechnenden Zahlen sind nämlich mit soviel Decimalstellen angeführt, daß die vorletzte noch als sicher, die letzte jedoch schon als unsicher angesehen werden muß.

Es ist also z. B. keineswegs gleichgültig, ob wir das Atomgewicht des Kohlenstoffs 12 oder 12,0 oder 12,00 schreiben; nur die Zahl 12,00 entspricht dem wirklichen Stande unseres Wissens.

### Tafel II
### Die ein- bis sechsfachen Atomgewichte der wichtigsten Elemente nebst Logarithmen.

Bei der Ausführung chemischer Rechnungen wird man sich in den weitaus meisten Fällen mit Vorteil der Logarithmen bedienen, und zwar wird eine kleine, fünfstellige Tafel, wie sie weiter hinten abgedruckt ist, fast immer genügen. Oft genügen schon vierstellige Tafeln.

Ganz abgesehen von dem bedeutenden Zeitverluste verleitet das Rechnen ohne Benutzung von Logarithmen nur zu oft zum Begehen prinzipieller Fehler; denn da das Multiplizieren und Dividieren mit vier- und fünfstelligen Zahlen ohne Benutzung von Tafeln recht unbequem ist, so findet man häufig, daß z. B. das Atomgewicht des Chlores statt 35,37 (alten Stils) gleich 35,5 gesetzt wird. Derselbe Chemiker aber, der diesen Fehler von 0,37 % begeht, würde es mit ungeheuchelter Entrüstung zurückweisen, wenn man ihm zumutete, er solle gelegentlich der Chlorbestimmung bei dem Chlorsilber die $\frac{1}{10}$ Milligramme nicht mit der peinlichsten Sorgfalt auswiegen — und doch entsprechen diese mit so viel Gewissenhaftigkeit bestimmten Größen nur einem, oder höchstens einigen wenigen Hundertsteln von Prozenten der fraglichen Maßzahl.

Sehr vielfach findet man weiter, daß in einer Rechnung durcheinander bald abgerundete, bald möglichst genaue Zahlen verwendet werden. So benutzt man bei der Berechnung der theoretischen Zusammensetzung einer organischen Verbindung für das Verhältnis H:O den Wert 1:16; den Wasserstoffgehalt des bei der Verbrennung erhaltenen Wassers aber entnimmt man ohne Bedenken einer Tafel, die z. B. auf Grund des Verhältnisses H:O = 1,01:16 berechnet wurde. Rechnet man dann nach solchen, allerdings meist unbewußten Verstößen die Analysen auf 2 oder, wie gewisse Rechenkünstler unter Mißbrauch der Geduld des Papieres es gar fertig bringen, auf 3 Decimalen aus, so heißt das mit Zahlen spielen, sich und Anderen ganz falsche Vorstellungen über die Zuverlässigkeit der gewonnenen Resultate beibringen.

Derartige Verstöße werden nun vollständig unmöglich gemacht, wenn man sich bei allen Rechnungen stets der vorstehenden Tafeln bedient. Die Verleitung zu unangebrachten Abkürzungen z. B. fällt dann vollständig fort, da der Logarithmus der sechsstelligen Zahl gerade so rasch abgeschrieben ist, als derjenige der zweistelligen.

## Tafel III

### Höhere Multipla einiger Atomgewichte nebst Logarithmen.

Bei der Bildung der höheren Multipla der Atomgewichte ist die Anzahl der brauchbaren Decimalstellen wohl zu beachten. Ist z. B. H = 1,008, so ist für $H_{11}$ nicht ohne weiteres 11 . 1,008 = 11,088 zu setzen, es ist vielmehr auf 11,09 abzurunden, weil ja die Unsicherheit der dritten Decimale in H = 1,008 durch die Multiplikation mit 11 in die zweite Decimale vorgerückt ist.

## Tafel IV

### Gewichte und Logarithmen häufig gebrauchter Molekeln, Atomgruppen und Äquivalente.

Auch bei der Bildung von Molekulargewichten ist auf die Anzahl der zulässigen Decimalen zu achten.

Für Silberchlorat z. B. können wir das Molekulargewicht ohne weiteres durch Addition der Atomgewichte berechnen:

$$\begin{aligned} Ag &= 107{,}88 \\ Cl &= 35{,}46 \\ O_3 &= 48{,}00 \\ \hline AgClO_3 &= 191{,}34 \end{aligned}$$

Wir sind berechtigt, hier zwei Decimalen zu setzen, denn die Atomgewichte aller in der Verbindung vorkommenden Elemente sind mit einer dieser Stellenzahl entsprechenden Genauigkeit bekannt.

Wollten wir aber z. B. für Natriumbichromat rechnen

$$\begin{aligned} Na_2 &= 46{,}00 \\ Cr_2 &= 104{,}0 \\ O_7 &= 112{,}000\ldots \\ 2\,H_2O &= 36{,}032 \\ \hline Na_2Cr_2O_7 \,.\, 2\,H_2O &= 298{,}032 \end{aligned}$$

so wäre dies gänzlich verkehrt, da ja die Unsicherheit der ersten Decimale von 104,0 für $Cr_2$ auch in die erste Decimale der Summe übergeht. Wir haben also zu setzen

$$Na_2Cr_2O_7 \,.\, 2\, H_2O = 298{,}0;$$

denn das Molekulargewicht darf nur mit so viel Decimalen benutzt werden, als deren das am wenigsten gut gekannte, darin übergegangene Atomgewicht aufweist.

Bei der Anordnung der die Molekeln resp. Atomgruppen zusammensetzenden Atome ist in der Tafel die Regel befolgt, daß bei Elektrolyten zunächst der elektropositive Bestandteil gesetzt ist, also z. B. $K_2 \mid SO_4$; $H_2 \mid SO_4$; $K \mid OH$. Innerhalb der einzelnen Jonen stehen die das Gerippe der Gruppe bildenden Atome an erster Stelle, z. B. $SO_4$; $PtCl_6$; $Fe(CN)_6$; $NH_4$ etc. Doppelsalze sind bei den positiveren der positiven Jonen zu suchen, z. B. $(NH_4)_2 \mid SO_4 \,.\, FeSO_4 \,.\, 6H_2O$.

## Tafel V

## Multipla mit Logarithmen einiger Molekeln und Atomgruppen.

Diese Tafel wird hauptsächlich bei der Berechnung von Mineralanalysen dienlich sein. Im übrigen gilt das bei Tafel III Gesagte.

## Tafel VI

## Berechnen der Analysen.

Bei dem Berechnen von Analysen ist es noch vielfach üblich, zunächst aus vorhandenen, meist recht umfangreichen Tafelwerken (z. B. dem von Kohlmann und Frerichs) zu entnehmen, wie viel von einem gesuchten Stoffe in einem gewogenen Niederschlage oder dergleichen enthalten ist, bzw. ihm entspricht. Von dieser Zahl erst gelangt man dann zu der gesuchten Prozentzahl.

Weit schneller aber und eleganter erreicht man das

Ziel bei ausschließlich logarithmischer Rechnung[1] unter Benutzung der in Tafel VI gegebenen „Faktoren“. Der „Faktor“ **F** ist diejenige Zahl, mit welcher man das Gewicht eines erhaltenen Niederschlages **N** (oder dergl.) multiplizieren muß, um aus ihm das Gewicht **B** eines seiner Bestandteile (oder einer sonst mit ihm durch irgend eine Gleichung verknüpften Substanz) zu erhalten.

Der „Faktor“ ist also das Äquivalenzverhältnis der gefundenen und der gesuchten Verbindung, N . F = B.

Ist S die für die Analyse abgewogene Substanzmenge und **P** der Prozentgehalt von S an B, so gilt die Beziehung

$$P = 100 \cdot \frac{B}{S} = 100 \cdot \frac{N \, . \, F}{S};$$

es ist also

$$\log P = \log N + \log F - \log S$$

Die 2, welche als log 100 eigentlich noch hinzukommen müßte, lassen wir, wie überhaupt alle Kennziffern, einfach fort; wir dürfen dies, weil wir ja nie im Zweifel darüber sein können, ob das schließliche Resultat etwa 0,71 . . . oder 7,1 . . . oder aber 71, . . lauten muß.

Der log S wird nicht nachträglich von der erst gebildeten Summe log N + log F subtrahiert, wir addieren vielmehr direkt zu log N + log F die dekadische Ergänzung von log S, die sich bei einiger Übung eben so rasch aus der Logarithmentafel abschreiben läßt, wie der Logarithmus selbst. Also schließlich

$$\log P = \log N + \log F + (1 - \log S)$$

Die ganze Prozentberechnung reduziert sich demnach auf das Abschreiben von 3 Logarithmen, Bilden der Summe und Aufschlagen des Numerus.

Das folgende Beispiel enthält die gesamten für die Analyse einer komplizierteren organischen Substanz erforderlichen Daten und Rechnungen. Es soll dem Anfänger zeigen,

[1] Zum Kapitel „Rechnen“ vergl. Ostwald-Luther, Physikochemische Messungen, S. 1—28.

wie die Rechnung mit größter Zeitersparnis und unter Vermeidung jeder unnötigen Schreiberei auszuführen ist:

| | | | |
|---|---|---|---|
| 0,2314 g | Substanz gaben | | 0,4063 g $CO_2$ und 0,0806 g $H_2O$ |
| 0,1921 g | „ | „ | 0,0497 g AgCl (Best. von Cl) |
| 0,2131 g | „ | „ | 0,0554 g AgCl ( „ „ Ag) |
| 0,3251 g | „ | „ | 21,6 ccm $N_2$; p = 74,8 cm; t = 12°. |

| | C | H | Cl | Ag | N | O |
|---|---|---|---|---|---|---|
| log **N** = | 60885 | 90634 | 69636 | 74351 | 33445 | |
| log **F** = | 43573 | 04884 | 39337 | 87657 | 07146 | |
| 1 − log **S** = | 63564 | 63564 | 71647 | 67142 | 48797 | |
| log **P** = | 68022 | 59082 | 80620 | 29150 | 89388 | 15836[1] |
| log d. Atomgew. = | 07918 | 00346 | 54974 | 03294 | 14644 | 20412 |
| Differ. = | 60104 | 58736 | 25646 | 25856 | 74744 | 95424 |
| kleinste Differ. = | 25646 | 25646 | 25646 | 25646 | 25646 | 25646 |
| Differ. = | 34458 | 33090 | 00000 | 00210 | 49098 | 69778 |
| Atomverhältn. = | 22,1 : | 21,4 : | 1,0 : | 1,0 : | 3,1 : | 5,0 |

Wahrscheinlichste Formel $C_{22}H_{21}ClAgN_3O_5$

| | | | | | |
|---|---|---|---|---|---|
| $C_{22}$ = | 264,0 = | 47,96 % | gefunden ist | 47,9 | 85,6 % |
| $H_{21}$ = | 21,17 = | 3,85 „ | „ „ | 3,9 | |
| Cl = | 35,46 = | 6,44 „ | „ „ | 6,4 | |
| Ag = | 107,88 = | 19,60 „ | „ „ | 19,6 | |
| $N_3$ = | 42,03 = | 7,63 „ | „ „ | 7,8 | |
| $O_5$ = | 80,000 = | 14,53 „ | . (aus d. Differ.) | 14,4 | |
| M = | 550,5 | = 100,00 % | | | |

| | $C_{22}$ | $H_{21}$ | Cl | Ag | $N_3$ | $O_5$ |
|---|---|---|---|---|---|---|
| log der Atomsumm. = | 42160 | 32569 | 54974 | 03294 | 62356 | 90309 |
| log M = | 74076 | 74076 | 74076 | 74076 | 74076 | 74076 |
| log **P** = | 68084 | 58493 | 80898 | 29218 | 88280 | 16233 |

Die Bedeutung der vorstehenden Zahlenreihen ist die folgende: In den ersten vier Zeilen finden sich die experimentellen Daten verzeichnet, welche die Analyse ergab. Die

[1] $P_C + P_H + P_{Cl} + P_{Ag} + P_N$ ist 47,9 + 3,9 + 6,4 + 19,6 + 7,8 = 85,6, also $P_O$ = 14,4 als Ergänzung zu 100, mithin log $P_O$ = 15836.

gefundenen Gewichte **N** an Kohlendioxyd, Wasser, Chlorsilber etc. sollen uns den Prozentgehalt **P** der analysierten Substanz an Kohlenstoff, Wasserstoff, Chlor etc. liefern, was in der oben geschilderten Weise durch Multiplikation mit den betreffenden Faktoren **F** und durch Division mit den angewandten Substanzmengen erreicht wird. Die nächsten 3 Zeilen enthalten die für diese Rechnungen erforderlichen Logarithmen in ohne Erklärung verständlicher Anordnung, ihre Summen bilden die Logarithmen der durch die Analyse gefundenen Prozente **P**.

Bietet uns nun z. B. die Herstammung der analysierten Substanz oder dergleichen genügende Anhaltspunkte, um eine Formel für die Verbindung aufzustellen, so können wir ohne weiteres die Zahlen zu log **P** aufschlagen und sie mit den theoretisch geforderten in der weiter unten gegebenen Weise des Vergleichs wegen zusammenstellen.

Wissen wir aber noch nichts Näheres über die Zusammensetzung der untersuchten Verbindung, so haben die gefundenen Prozentzahlen zunächst noch keinen direkten Wert für uns, sie können aber benutzt werden für die Aufstellung einer empirischen Formel für die analysierte Substanz, zu welchem Zweck die Rechnung in der oben angedeuteten Weise fortgesetzt wird.

Die quantitative Zusammensetzung einer Verbindung ist bedingt durch die Anzahl und durch das Gewicht der in ihrer Molekel vorkommenden Atome, die Prozentzahlen erscheinen deshalb als Produkte aus den bekannten Atomgewichten und den unbekannten, zu ermittelnden Indices der Atome, multipliziert mit einem konstanten, ebenfalls unbekannten Faktor; also z. B. $P_C = 12{,}00 . x . k$; $P_H = 1{,}008 . y . k$; $P_{Cl} = 35{,}46 . z . k$; usw.[1]

Um die Produkte $x . k$; $y . k$; $z . k$ zu ermitteln, müssen wir deshalb zunächst die Prozentzahlen durch die in ihnen

[1] $P_C$; $P_H$; $P_{Cl}$ u. s. w. bedeuten die Prozente Kohlenstoff, Wasserstoff, Chlor u. s. w.

enthaltenen Atomgewichte dividieren, deren Logarithmen zu diesem Zweck unter die log P geschrieben werden, so daß durch Subtraktion die Logarithmen der Produkte x k; y k; z k erscheinen. Diese Produkte sind hier der Reihe nach

3,99; 3,87; 0,18; 0,18; 0,56; 0,90; —

eine recht unübersichtliche Zahlenreihe, mit der wir nichts anfangen können.

Die Unübersichtlichkeit dieser Zahlen rührt nun daher, daß sie noch den gemeinsamen Faktor k enthalten, der im allgemeinen ein echter oder auch ein unechter Bruch sein wird. Wir können aber diesen Faktor zu Eins, resp. zu einer anderen, ganzen, im allgemeinen kleinen Zahl machen dadurch, daß wir alle Produkte durch das kleinste dividieren; wir schlagen deshalb die fraglichen Produkte garnicht erst auf, sondern subtrahieren sofort von allen Logarithmen den kleinsten[1], unter ihnen — wie es oben geschehen ist. Dadurch verwandelt sich die Reihe der Produkte in

22,1; 21,4; 1,0; 1,0; 3,1; 5,0,

und wir werden mit der Annahme kaum fehlgehen, daß der Faktor k in dieser Reihe gleich Eins geworden ist, daß wir als wahrscheinlichste Formel für die untersuchte Verbindung also zu schreiben haben $C_{22}H_{21}ClAgN_3O_5$.

Um diese Formel auf ihre Zulässigkeit zu prüfen, berechnen wir nun noch die prozentische Zusammensetzung, welche eine derartige Verbindung theoretisch haben soll, um dann die errechneten Zahlen mit den wirklich gefundenen zu vergleichen. Der Weg, wie dieses Ziel mit möglichst wenig Aufwand an Raum und Zeit erreicht wird, ist aus der obigen Aufstellung ohne weiteres ersichtlich, besonders aber ist auf die Anordnung der erforderlichen Logarithmen zu achten.

Da die Abweichungen der gefundenen Prozentzahlen von den errechneten die erfahrungsmäßig zulässigen in keinem Falle überschreiten, wie die Nebeneinanderstellung der Zah-

[1] Wobei natürlich die Kennziffer zu berücksichtigen ist!

len übersichtlich erkennen läßt, so war die Aufstellung der obigen Formel eine berechtigte.

Die ganze Verrechnung des so umfangreichen experimentellen Materials machte keine Multiplikation oder Division erforderlich; ohne Zuhilfenahme von Tabellen und Logarithmen hätten wir für die Rechnung wohl die zehnfache Zeit aufwenden müssen.

Es fragt sich nun weiter, wie weit sollen die experimentellen Daten verrechnet werden, wieviel Dezimalstellen sind bei der Angabe der Prozentzahlen zulässig. Weiter oben war als Grundsatz aufgestellt worden, daß die Zahl der Stellen stets der Genauigkeit des mitgeteilten Ergebnisses entsprechen soll, indem die vorletzte Ziffer noch als zuverlässig, die letzte aber schon als unsicher gelten darf[1].

Nun ist Erfahrungstatsache, daß bei mehrfacher Ausführung einer Analyse durch einen Analytiker mittlerer Leistungsfähigkeit und bei Anwendung von Methoden, die mit Fehlerquellen mittlerer Größe behaftet sind, daß dann die erste Dezimale der erhaltenen Prozentzahlen um einige Einheiten zu schwanken pflegt. Diese erste Dezimale ist deshalb schon unsicher und deshalb die einzige, welche bei einmaliger Ausführung der Analyse aufgenommen werden darf; eine zweite Dezimale ist nicht nur wertlos, sie ist sogar entschieden zu verwerfen, weil sie geeignet ist, falsche Vorstellungen über die Zuverlässigkeit des analytischen Resultates zu erwecken.

## Tafel VII

## Volumetrische Bestimmung des Stickstoffs und anderer Gase (trocken oder feucht), sowie durch Gase meßbarer Stoffe.

Von allen Analysen, in deren Verlauf Stoffe aus gemessenem Gasvolum berechnet werden, ist die Stickstoffbestimmung die bei weitem häufigste. Deshalb ist die Tafel VII so berechnet, daß die in ihr mitgeteilten Zahlen für Stickstoff ohne weiteres gelten, während für jedes andere Gas noch je ein log zu addieren ist (siehe Erläuterungen zu Tafel VIII).

Das Gewicht g von 1 ccm Stickstoff trocken bei $0^0$ und

[1] Es ist hierüber näheres nachzulesen in **Ostwald-Luther**, Physiko-chemische Messungen. S. 18ff.

76 cm Quecksilberdruck gewogen ist nach Lord Rayleigh und W. Ramsay[1]

$$g = 0{,}0012505 \text{ Gramm;}$$

bei $t^0$ und dem Drucke von p mm demnach

$$g = 0{,}0012505 \cdot \frac{1}{1 + 0{,}003670\, t} \cdot \frac{p}{760} \text{ Gramm.}$$

Die Logarithmen dieser Werte g finden sich in der Tafel VII zusammengestellt für Temperaturen von 7 bis 24° und für Drucke von 670 bis 789 mm. — Es ist also

$$\log P = \log ccm + \log g + (1 - \log S),$$

wenn P die gesuchten Prozente Stickstoff
ccm die abgelesenen Kubikzentimeter und
S die abgewogene Substanz bedeutet.

Es wäre nicht zweckmäßig, die Tafel direkt für feuchten, d. h. mit dem Dampf von reinem Wasser gesättigten, Stickstoff zu berechnen, da sie dann für Stickstoff, der über Kalilauge verschiedener Konzentration oder trocken über Quecksilber aufgefangen ist, sowie für andere Zwecke unbrauchbar wäre. Die Tafel VII ist demgegenüber eine Universaltafel. Sie ist zunächst zwar für die Berechnung trockenen Stickstoffs bestimmt, sie kann aber auch ohne weiteres für die Berechnung feuchten Stickstoffs und aller anderen Gase, trocken oder feucht, benutzt werden. Will man den Stickstoff nicht trocknen, so fängt man ihn am besten über etwa fünfzigprozentiger Kalilauge auf, da er dann nach Bunsen als praktisch trocken angesehen werden darf. Ist er feucht, entweder über Wasser oder verdünnterer Kalilauge abgesperrt, so subtrahiert man die Dampftension der Sperrflüssigkeit von dem herrschenden Barometerstande und benutzt die Tafel VII ohne weiteres. Für den besonders häufigen Fall, daß das Sperrmittel Wasser ist, sind die als Dampftensionen des Wassers (mm) bei den Temperaturen 7 bis 24° von p zu subtrahierenden Zahlen unter $p_w$ der Tafel links vorgedruckt. Ist also z. B. Stickstoff über Wasser bei 13° und 755 mm abgesperrt, so sucht man in der Tabelle den Wert für 13° und 755 — 11,1 mm oder 13° und 744 mm, also 06761, auf.

In der Regel wird die Tafel ohne jede Interpolation benutzt werden können, d. h. es wird genügen, ganze Grade und ganze Millimeter abzulesen; denn runde ich z. B. 13,5°

[1] Vergl. Zeitschr. f. physik. Chem. 16, 346 (1895).

und 745,5 mm auf 13° und 746 mm ab, so begehe ich dadurch einen maximalen Abrundungsfehler (Abrundung maximal und beidemal im selben Sinne wirkend) und bekomme statt 100 Stickstoff 100,24. Ich würde also z. B. in einer Substanz statt 10,00 % Stickstoff finden 10,02 % oder statt 20,00 % deren 20,05. Das sind aber Fehler, die weit innerhalb der sonstigen Fehlergrenzen liegen. Wer doch zu interpolieren wünscht, wird hierin wesentlich durch die den Tafeln angefügten Differenzentäfelchen unterstützt werden.

Den Stickstoff über verdünnten Kalilaugen zu messen, ist nicht anzuraten, da nach Bunsen deren Dampfspannungen nach der Absorption des Kohlendioxydes unzuverlässig sind. Da aber doch häufig verdünntere Kalilaugen als Sperrflüssigkeiten benutzt werden, so sollen hier ihre in Abzug zu bringenden Dampfspannungen aufgeführt werden. Die kleine Tabelle enthält gleichzeitig die zu subtrahierenden Korrekturen der Barometerablesungen an Glas- und Messingskala:

| t° | p (mm) für Kalilauge mit einem Gehalt an KOH von | | | | |
|---|---|---|---|---|---|
| | 9,1 % | 16,7 % | 23,1 % | 28,6 % | 32,9 % |
| 7 | 7,0 | 6,5 | 5,9 | 5,3 | 4,6 |
| 8 | 7,5 | 7,0 | 6,3 | 5,6 | 4,8 |
| 9 | 8,0 | 7,5 | 6,8 | 6,0 | 5,2 |
| 10 | 8,6 | 8,0 | 7,3 | 6,5 | 5,6 |
| 11 | 9,2 | 8,6 | 7,8 | 7,0 | 6,0 |
| 12 | 9,8 | 9,2 | 8,3 | 7,4 | 6,4 |
| 13 | 10,5 | 9,8 | 8,9 | 7,9 | 6,9 |
| 14 | 11,2 | 10,4 | 9,5 | 8,4 | 7,3 |
| 15 | 11,9 | 11,1 | 10,1 | 9,0 | 7,8 |
| 16 | 12,7 | 11,9 | 10,8 | 9,6 | 8,3 |
| 17 | 13,6 | 12,6 | 11,5 | 10,3 | 8,9 |
| 18 | 14,5 | 13,5 | 12,3 | 10,9 | 9,5 |
| 19 | 15,4 | 14,3 | 13,1 | 11,7 | 10,1 |
| 20 | 16,4 | 15,3 | 13,9 | 12,4 | 10,8 |
| 21 | 17,4 | 16,2 | 14,8 | 13,2 | 11,4 |
| 22 | 18,5 | 17,3 | 15,8 | 14,0 | 12,2 |
| 23 | 19,7 | 18,3 | 16,8 | 14,9 | 12,9 |
| 24 | 20,9 | 19,5 | 17,8 | 15,9 | 13,8 |

| t° | Barometerkorrektur (mm) Skala von | |
|---|---|---|
| | Glas | Messing |
| 7 | 0,9 | 0,9 |
| 8 | 1,0 | 1,0 |
| 9 | 1,2 | 1,1 |
| 10 | 1,3 | 1,2 |
| 11 | 1,4 | 1,3 |
| 12 | 1,5 | 1,5 |
| 13 | 1,7 | 1,6 |
| 14 | 1,8 | 1,7 |
| 15 | 1,9 | 1,8 |
| 16 | 2,1 | 1,9 |
| 17 | 2,2 | 2,1 |
| 18 | 2,3 | 2,2 |
| 19 | 2,4 | 2,3 |
| 20 | 2,6 | 2,4 |
| 21 | 2,7 | 2,5 |
| 22 | 2,8 | 2,7 |
| 23 | 2,9 | 2,8 |
| 24 | 3,1 | 2,9 |

## Tafel VII als Gasreduktionstabelle.

Die Tafel VII kann nun auch noch als Gasreduktionstabelle benutzt werden. 1 ccm Stickstoff wiegt 0,001 2505 g, der log dieser Zahl ist 09708. Subtrahiert man diesen log von dem entsprechenden durch den herrschenden Druck und die herrschende Temperatur bestimmten log der Tabelle VII, so hat man den log der Zahl, mit welcher man das abgelesene Gasvolum multiplizieren muß, um es auf 0°, 760 mm Druck und Trockenheit zu reduzieren. Ist das Gas feucht, so ist beim Ablesen des Druckes der Wasserdampfdruck in Abzug zu bringen; auch ist die Barometerablesung zu korrigieren, wie oben angegeben.

Man führt hiernach die Reduktion des bei t° und p mm Druck feucht oder trocken abgelesenen Volums aus, indem man zueinander addiert

den log der abgelesenen ccm,
den entsprechenden log der Tafel VII,
die Zahl 90292 als Ergänzung zu 09708.

Beispiel: Das Volum einer über Wasser abgesperrten Gasmenge wurde bei t = 20° und p = 756,0 mm, abgelesen am Barometer mit Glasskala, zu 47,30 ccm ermittelt. Wie groß ist das Volum reduziert auf Trockenheit, 76 cm Druck und 0°?

Die Korrektur für Feuchtigkeit ist 17,4 mm, für die Barometerablesung 2,6 mm, also ist der Teildruck des Gases 756,0 — 17,4 — 2,6 = 736,0 mm.

Weiter ist

log 47,30 = 67 486
log Tafel VII = 05 240
Ergänzung zu 09708 = 90 292

63 018

Der Numerus von 63018 ist 4268, also ist das reduzierte Gasvolum 42,68 ccm.

## Tafel VIII
### Volumetrische Bestimmung wichtiger Gase.

Die Tafel VII kann nun auch zur Berechnung des Gewichtes anderer Gase benutzt werden, deren Volum bei $t^0$ und p mm Druck, feucht oder trocken, gemessen wurde. Nach dem Avogadroschen Satze wiegt 1 ccm eines Gases vom Molekulargewicht m innerhalb der Gültigkeit der Gasgesetze m mal soviel, als 1 ccm des unter gleichen Bedingungen stehenden Normalgases vom Molekulargewicht 1.

Man erhält demnach den log des Gewichtes von a ccm des Gases vom Molekulargewicht m, gemessen bei $t^0$ und p mm Druck, indem man zueinander addiert

den log von a (abgelesene ccm),
den entsprechenden log der Tafel VII,
den log von m,
die Zahl 55244.

Die Zahl 55244 ist als Differenz von 64952 und 09708 (siehe Tafel VIII die log der Litergewichte von Normalgas und von Stickstoff) der log, welcher das Gewicht eines Stickstoffvolums auf das Gewicht des gleichen, unter gleichen Bedingungen gemessenen Volums Normalgas reduziert. Ist das Gas feucht gemessen, so ist beim Ablesen des Druckes der Dampfdruck des Wassers in Abzug zu bringen, auch ist die Barometerablesung zu korrigieren, wie in den Erläuterungen zu Tafel VII angegeben ist.

Beispiel: Wieviel wiegen 37,1 ccm Wasserstoff, gemessen bei $23^0$ und 763 mm Druck über Wasser?

Es ist $p = 763 - 20{,}9 - 2{,}9 = 739$ mm, da für Wasserdampfdruck 20,9, für Barometerkorrektur 2,9, zusammen 23,8 oder rund 24 mm vom Barometerstand 763 mm in Abzug zu bringen sind. Es ist nun

| | |
|---|---|
| log a oder 37,1 | = 56 937 |
| log der Tafel VII | = 04 973 |
| log m oder 2,0152 | = 30 432 |
| Reduktion auf Normalgas | = 55 244 |
| | 47 586 |

Der Numerus hierzu ist 29913. Die Stellung des Kommas ergibt eine Überschlagsrechnung. Da nach Tafel VIII 1 ccm Normalgas 0,04462 mg wiegt, Wasserstoff (m = 2) rund das Doppelte, so müssen 37 ccm Wasserstoff rund 0,04 . 2 . 37 oder etwa 3 mg wiegen. Die berechnete Zahl kann demnach nur 2,99 mg sein, nicht etwa 29,9 oder 0,299 mg. Mehr als 3 Stellen dürfen nicht geschrieben werden, also nicht etwa 2,9913 mg, da das abgelesene Volum ebenfalls nur mit 3 Stellen angegeben ist, auch sonstige Unsicherheiten (Druckmessung) keine größere Genauigkeit verbürgen.

Viele der wichtigsten und am häufigsten gemessenen Gase zeigen nun aber so beträchtliche Abweichungen von den Gasgesetzen, daß die wie oben ausgeführte Rechnung des Gewichtes aus dem Volum unter Zugrundelegung des Avogadroschen Satzes unerlaubt große Fehler ergibt. Deshalb sind für diese Gase aus den empirischen Litergewichten Faktoren berechnet, deren log in der letzten Spalte der Tafel VIII zu finden sind, und die für die beiden letzten log der obigen Rechnung einzusetzen sind, wie es im Vordruck der Tafel VIII angegeben wurde.

Beispiel: Wieviel wiegen 43,7 ccm Stickoxyd, gemessen bei 17° und 757 mm Barometerstand über Kalilauge von 33%?

Es ist p = 757 — 8,9 — 2,2 = 746 mm, da nach Seite 61 als Dampfdruck der Kalilauge von 33% 8,9 mm, als Barometerkorrektur 2,2 mm, zusammen 11,1 oder rund 11 mm abzuziehen sind. Es ist nun

| | |
|---|---|
| log ccm oder 43,7 = | 64 048 |
| log der Tafel VII = | 06 274 |
| log der Tafel VIII = | 03 092 |
| | 73 414 |

Der Numerus ist 5422, das Gewicht demnach 54,2 mg, da nach Tafel VIII 1 ccm des Gases rund 1,3 mg, 43 ccm demnach rund 50 mg wiegen müssen.

Die in der Tafel VIII angegebenen Litergewichte haben Ramsay für $N_2$ (Z. f. physik. Ch. **16**, 346; 1895); Morley für $O_2$ und $H_2$ (ebenda **20**, 451; 1896); Leduc für Luft, CO, $CO_2$, $N_2O$, HCl, $C_2H_2$, $SO_2$ (Ann. de Chim. (7) **15**; 1898); für $H_2S$, $NH_3$, $Cl_2$ (C. R. **125**, 571; 1897) und für NO (C. R. **116**, 322; 1893), und Thomson für $CH_4$ gefunden.

## Tafel IX

## Volumetrische Bestimmung von Gase entwickelnden Stoffen.

Entwickelt ein Stoff nach einer stöchiometrischen Gleichung ein Gas, so ist das Gewicht des entwickelnden Stoffes nach dieser Gleichung aus dem Gewicht des entwickelten Gases berechenbar. Letzteres Gas ist nun aber nicht gewogen, vielmehr ist sein Volum bei $t^0$ und p mm Druck, feucht oder trocken, in ccm gemessen. Man ermittelt deshalb mit Hilfe der Tafeln VII und VIII aus dem Volum sein Gewicht und multizipliert dieses mit dem Äquivalentverhältnis des entwickelnden Stoffes und des entwickelten Gases. Den log der Tafel VIII und deu log des Äquivalentverhältnisses wird man ein für allemal zu einem Umrechnungs-log zusammenziehen. Die letzteren sind für eine Anzahl wichtiger Fälle in der letzten Spalte der Tafel IX aufgeführt.

Aus vorstehendem ergibt sich die der Tafel IX vorgedruckte Anleitung zur Benutzung der Tafel.

Beispiel 1: 0,250 g Zinkstaub gaben 79,6 ccm Wasserstoff, gemessen über Wasser bei $20^0$ und 742 mm Barometerstand. Wieviel Prozent metallisches Zink enthält der Zinkstaub?

Korrektur für Feuchtigkeit 17,4 mm, für Barometerablesung (Seite 61) 2,6 mm, also p = 742 − 17,4 − 2,6 = 722 mm. Um das gefundene Zink in Prozenten des Zinkstaubes auszudrücken, ist mit dem Gewicht des verwandten Zinkstaubes zu dividieren, den gefundenen log also noch die dekadische Ergänzung des log von 0,250 hinzuzuaddieren. Es ist

$$\begin{array}{rl} \log \text{ ccm oder } 79{,}6 = & 90\,091 \\ \log \text{ der Tafel VII} = & 04\,406 \\ \log \text{ der Tafel IX} = & 36\,744 \\ 1 - \log 250 = & 60\,206 \\ \hline & 91\,447 \end{array}$$

Der Numerus ist 8212. Der Zinkstaub enthält demnach 82,1 (nicht 82,12!) % Zink. Die Stellung des Kommas ergibt sich aus der Angabe der Tafel IX, daß 1 ccm Wasserstoff etwa 2,9 mg Zink entspricht, 80 ccm also etwa 0,23 g. Es sind demnach rund $100 \cdot \frac{0{,}23}{0{,}25}$ = etwa 82,1 und nicht 8,21 % Zink gefunden worden.

Beispiel 2: 0,1487 g Chilisalpeter gaben 37,1 ccm Stickoxyd, gemessen bei 767 mm und 13° über Kalilauge von 25 %. Wieviel Prozent Stickstoff enthält der Chilisalpeter?

Nach Seite 61 ist der Druck p = 767 − 8,6 − 1,7 = 757 mm. Es ergibt sich

$$\begin{array}{rl} \log 37{,}1 = & 56\,937 \\ \log \text{ Tafel VII} = & 07\,514 \\ \log \text{ Tafel IX} = & 70\,009 \\ 1 - \log 1487 = & 82\,769 \\ \hline & 17\,229 \end{array}$$

Der Numerus ist 1487. Folglich enthält der Chilisalpeter (wie sich nötigenfalls unter Zurateziehung der Angaben der Tafel IX ergibt) 14,9 % Stickstoff. Chemisch reines Natriumnitrat verlangt 16,47 % $N_2$.

Diese Beispiele zeigen, wie außerordentlich einfach und elegant durch Benutzung der Tafeln VII und IX die sonst so zeitraubenden und schwerfälligen Berechnungen derartiger Analysen werden.

## Tafel X

### Indirekte Analyse.

Durch die „indirekte“ Analyse wird die quantitative Zusammensetzung eines Substanzgemisches ermittelt, ohne daß eine Trennung und gesonderte Wägung einzelner Bestandteile oder Umwandlungsprodukte solcher Bestandteile ausgeführt wird. Man nimmt vielmehr mit dem qualitativ gekannten Gemisch als Ganzem gewisse, zweckmäßig gewählte Umwandlungen vor und errechnet dann die quantitative Zusammensetzung aus den beobachteten Massenänderungen.

Ein Gemisch bestehe z. B, aus Verbindungen mit den Molekulargewichten $M_x$; $M_y$; $M_z$ . . ., und zwar soll die abgewogene Menge g desselben sich zusammensetzen aus x Gramm der ersten Verbindung, y Gramm der zweiten, z Gramm der dritten..... Dies giebt uns die erste Beziehung

$$x + y + z \ldots\ldots = g \qquad (1)$$

Nun nehmen wir mit dieser abgewogenen Menge g eine Umwandlung vor, infolge deren der erste Bestandteil in eine Verbindung mit dem Molekulargewicht $M_{x'}$; der zweite mit $M_{y'}$; der dritte mit $M_{z'}$..... übergeht (wobei aber nicht alle Molekulargewichte sich zu ändern brauchen, vielmehr z. B. $M_x = M_{x'}$ sein kann).

Ist das zu bestimmende Gesamtgewicht des Umwandlungsproduktes g′, so haben wir die zweite Beziehung

$$x \frac{M_{x'}}{M_x} + y \frac{M_{y'}}{M_y} + z \frac{M_{z'}}{M_z} \ldots\ldots = g' \qquad (2)$$

Bei der Aufstellung dieser Gleichung ist natürlich die Äquivalenz der Molekeln wohl zu beachten.

Ein analoger, dritter Prozeß liefert uns die dritte Beziehung

$$x \frac{M_{x''}}{M_x} + y \frac{M_{y''}}{M_y} + z \frac{M_{z''}}{M_z} \ldots\ldots = g'' \qquad (3)$$

Wie bekannt, brauchen wir zur Berechnung der Analyse eben so viele von einander unabhängige Gleichungen, als Unbekannte, hier verschiedene Verbindungen in dem Gemisch vorkommen.

Das Vorstehende mag hier noch an einigen Beispielen näher erläutert werden.

Aufgabe: Die quantitative Zusammensetzung eines aus Chlorkalium und aus Bromkalium bestehenden Gemisches soll auf indirektem Wege ermittelt werden.

Lösung 1: Durch Ueberführung des Gemisches in Kaliumsulfat. Die abgewogene Menge g des Substanzgemisches bestehe aus x Gramm Chlorkalium und y Gramm Bromkalium, das daraus erhaltene Sulfat aber wiege g' Gramm. Setzen wir der Kürze halber KCl für $M_{KCl}$; KBr für $M_{KBr}$ u. s. w., so haben wir die beiden Beziehungen

$$x + y = g \qquad (1)$$

$$x \frac{K_2SO_4}{2\,KCl} + y \frac{K_2SO_4}{2\,KBr} = g' \qquad (2)$$

Für (2) schreiben wir

$$x + y \frac{KCl}{KBr} = g' \frac{2\,KCl}{K_2SO_4} \qquad (3)$$

Mit Hilfe von Tafel IV können wir sehr bequem den Wert der in (3) mit y und g' verbundenen Faktoren berechnen:

| | |
|---|---|
| | log 2 = 30103 |
| log KCl = 87251 | log KCl = 87251 |
| log KBr = 07562 | 1 — log $K_2SO_4$ = 75877 |
| 79689 | 93231 |
| Numerus 0,62646 | Numerus 0,85568 |

Diese Werte in (3) eingesetzt

$$x + 0{,}62646\, y = 0{,}85568\, g' \qquad (4)$$

welche Gleichung von (1) subtrahiert

$$y = \frac{g - 0{,}85568\, g'}{0{,}37354}$$

ergiebt. Wird nun y, das Bromkalium, in Prozenten ausgedrückt, so erhalten wir

$$\text{Prozente Bromkalium} = y \cdot \frac{100}{g}$$

$$= \frac{100}{0{,}37354} - \frac{0{,}85568}{0{,}37354} \cdot 100 \frac{g'}{g}$$

$$= 267{,}71 - 229{,}07 \frac{g'}{g}$$

Lösung 2: Durch Überführung des Gemisches in Halogensilber. Indem wir ganz analog vorgehen wie oben, erhalten wir

$$x + y = g \qquad (1)$$

$$x \frac{AgCl}{KCl} + y \frac{AgBr}{KBr} = g' \qquad (2)$$

$$x + y \frac{KCl}{KBr} \cdot \frac{AgBr}{AgCl} = g' \frac{KCl}{AgCl} \qquad (3)$$

| | |
|---|---|
| log KCl = 87251 | |
| log AgBr = 27370 | |
| 1 − log KBr = 92438 | log KCl = 87251 |
| 1 − log AgCl = 84363 | log AgCl = 15637 |
| 91422 | 71614 |
| Numerus 0,82077 | Numerus 0,52016 |

$$x + 0{,}82077\, y = 0{,}52016\, g' \qquad (4)$$

$$y = \frac{g - 0{,}52016\, g'}{0{,}17923}$$

$$\text{Prozente Bromkalium} = y \frac{100}{g}$$

$$= \frac{100}{0{,}17923} - \frac{0{,}52016}{0{,}17923} \cdot 100 \frac{g'}{g}$$

$$= 557{,}94 - 290{,}22 \frac{g'}{g}$$

Lösung 3: Durch Überführung des Gemisches in Chlorsilber. Wir haben

$$x + y = g \qquad (1)$$

$$x \cdot \frac{AgCl}{KCl} + y \frac{AgCl}{KBr} = g' \qquad (2)$$

$$x + y \frac{KCl}{KBr} = g' \cdot \frac{KCl}{AgCl} \qquad (3)$$

| | |
|---|---|
| log KCl = 87251 | log KCl = 87251 |
| log KBr = 07562 | log AgCl = 15637 |
| 79689 | 71614 |
| Numerus 0,62646 | Numerus 0,52016 |

$$x + 0{,}62646\, y = 0{,}52016\, g' \qquad (4)$$

$$y = \frac{g - 0{,}52016\, g'}{0{,}37354}$$

$$\text{Prozente Bromkalium} = y \frac{100}{g}$$

$$= \frac{100}{0{,}37354} - \frac{0{,}52016}{0{,}37354} \cdot 100 \frac{g'}{g}$$

$$= 267{,}71 - 139{,}25 \frac{g'}{g}$$

In analoger Weise läßt sich der Prozentgehalt jedes Gemisches an einem Bestandteil y ausdrücken durch eine Gleichung der Form

$$\text{Prozente an } y = a + b \frac{g'}{g}$$

worin a und b sowohl positiv als auch negativ sein können.

Auf Tafel VIII finden sich für häufiger vorkommende „indirekte“ Analysen diese Faktoren a und b nebst den Logarithmen für b zusammengestellt.

## Tafel XI

## Molekulargewichtsbestimmung.

### I. Durch Luftverdrängung (Victor Meyer).

Um die Stickstoff-Tafel VII für die Reduktion des Gasvolums benutzen zu können, ist das gesuchte Molekulargewicht auf das des Stickstoffs (28,02) bezogen. Wenn die Verdampfungsbirne mit einem trockenen Gase gefüllt war, so ist vom Barometerstande natürlich die ganze Wasserdampftension und die Barometerkorrektur abzuziehen. Ist die Birne (wie es in der Regel der Fall ist) mit „gewöhnlicher" Luft gefüllt, so ist es in Hinblick auf die sonstigen Fehlerquellen der Methode meist ausreichend, etwa die halbe Wasserdampftension in Abzug zu bringen.

Beispiel: 0,0891 g Acetamid gaben 37,3 ccm Luft, gemessen über Wasser bei 19° und 763 mm Druck. Die Birne war mit gewöhnlicher, also etwa halb mit Wasserdampf gesättigter Luft gefüllt. Wie groß wurde das Molekulargewicht des Acetamides gefunden?

Es ist $p = 763 - \frac{1}{2} \cdot 16{,}3 - 2{,}4 = 752{,}5$ mm.

$$
\begin{array}{rr}
 & 4475 \\
\log 891 = & 9499 \\
1 - \log 373 = & 4283 \\
1 - \log \text{ der Tafel VII} = & 9375 \\
\hline
 & 7632
\end{array}
$$

Der Numerus von 7632 ist 5797, also das Molekulargewicht m = 58,0 (nicht 57,97!). Die Formel des Acetamides, $C_2H_5NO$, verlangt m = 59,05. Es wurde hier mit vierstelligen log gerechnet, was mehr als ausreichend ist.

## Tafel XII

## Volumbestimmung durch Auswiegen.

Die Tafel XII wird angewendet, wenn der Inhalt von Pyknometern, Pipetten, Meßflaschen oder Büretten durch

Auswiegen mit Wasser oder Quecksilber bestimmt werden soll. Bei der Berechnung der Tabelle (cf. Kohlrausch und Holborn, das Leitvermögen der Elektrolyte) ist angenommen, daß mit Messinggewichten in Luft gewogen wurde, und daß der Volumausdehnungskoeffizient des Glases 0,000025 ist. Die log sind hier ausnahmsweise mit 7 Stellen gegeben, da 5 Stellen nicht überall ausreichen.

## Tafel XIII

## Löslichkeit wichtiger Stoffe bei 15°.

Die Tafel enthält die Löslichkeiten wichtiger, hauptsächlich im Laboratorium als Reagens gebrauchter Stoffe bei 15°. Unter % ist der Prozentgehalt der bei 15° gesättigten wässerigen Lösungen angegeben, bezogen auf den Stoff der durch die beigeschriebene Formel gegebenen Zusammensetzung. Die Spalte V.-G. giebt das Volumgewicht, die Spalte m.-n. die Molekular-Normalität dieser Lösungen an. Die Zahlen sind (bis auf wenige Ausnahmen) durch Interpolieren aus den Angaben der Tafeln 71; 77; 133 und 136 der 4. Auflage der Landolt-Börnsteinschen Tabellen erhalten worden.

## Tabelle XIV

## Volumgewicht und Normalität von Lösungen. Herstellung von Normallösungen nach dem Volumgewicht.

Die Tafel XIV gibt den Zusammenhang zwischen den Volumgewichten (Spalte 1) wichtiger und viel benutzter Lösungen bei 15° und ihrer Normalität (in Äquivalenten). Die Volumgewichte sind auf Wasser von 4° bezogen. Die Zahlen geben also an, wieviel die Volumeinheit (ccm) der Lösung bei 15° in Gewichtseinheiten (g) wiegt. In den folgenden Spalten ist verzeichnet, wie vielfach normal die

Lösungen von den angeführten Volumgewichten sind. Diese Angabe wird für sehr viele Arbeiten willkommener sein, als die übliche Angabe des Prozentgehaltes der Lösungen.

Die aus den zuverlässigsten Grundlagen berechnete Tabelle ist genau genug, um mit ihrer Hilfe Lösungen für Titrationen einzustellen. Hierzu ist allerdings erforderlich, unter sorgfältiger Innehaltung der Temperatur (15°), das Volumgewicht auf etwa eine Einheit der vierten Dezimale richtig zu bestimmen. Das Verfahren gibt dann Titrierflüssigkeiten, die auf zehntel Prozente richtig sind (vergl. Chem. Ztg. 1902, 1055; Berichte **38**, 150; 1905).

Beispiel: Das V.-G. einer Salzsäure wurde zu 1,0835 gefunden. Nach Tafel XIV ist eine Säure vom V.-G. 1,0800 4,784fach normal, eine solche vom V.-G. 1,0900 aber 5,414fach normal. Durch Interpolieren findet man für das V.-G. 1,0835 die Normalität zu

$$4{,}784 + \frac{35}{100} \cdot (5{,}414 - 4{,}784) = 4{,}784 + \frac{35}{100} \cdot 0{,}630 = 5{,}005.$$

Somit ist ein Volum der Säure auf 5,005 Volume zu verdünnen, um sie gerade normal zu machen. Man wird zu dem Zweck z. B. 200 ccm der Säure in einen Literkolben tun, zum Liter auffüllen und dann noch 1 ccm Wasser zugeben (1 : 5,005 = 200 : 1001). Von einer so gewonnenen Normalsäure wurden für eine Titration 20,05 ccm gebraucht an Stelle von 20,00 ccm.

## Tafel XV

## Wheatstonesche Brücke. Logarithmen der Werte von a:(1000—a) für a von 1 bis 999.

Da bei der Arbeit mit der Wheatstoneschen Brücke die Anwendung von log bei der Berechnung zeitsparend ist, so wurden in die Tafel XV nicht, wie sonst üblich (siehe die Handbücher von Ostwald-Luther und von

Kohlrausch), die Werte für a:(1000 — a), sondern gleich deren log aufgenommen. Die Tafel gilt für den wie üblich in 1000 Einheiten eingeteilten Meßdraht.

## Tafel XVI

## Elektrochemische Konstanten.

Das in der Tafel XVI Gebotene bedarf keiner Erläuterung.

# Die fünfziffrigen Mantissen

zu den

# dekadischen Logarithmen

aller vierziffrigen Zahlen von 1000—9999 mit Proportionalteilen, für beliebige Numeri.

| N. | L. | 0 | 1 | 2 | 3 | 4 | 5 | 6 | 7 | 8 | 9 |
|---|---|---|---|---|---|---|---|---|---|---|---|
| 100 | 00 | 000 | 043 | 087 | 130 | 173 | 217 | 260 | 303 | 346 | 389 |
| 101 | | 432 | 475 | 518 | 561 | 604 | 647 | 689 | 732 | 775 | 817 |
| 102 | | 860 | 903 | 945 | 988 | *030 | *072 | *115 | *157 | *199 | *242 |
| 103 | 01 | 284 | 326 | 368 | 410 | 452 | 494 | 536 | 578 | 620 | 662 |
| 104 | | 703 | 745 | 787 | 828 | 870 | 912 | 953 | 995 | *036 | *078 |
| 105 | 02 | 119 | 160 | 202 | 243 | 284 | 325 | 366 | 407 | 449 | 490 |
| 106 | | 531 | 572 | 612 | 653 | 694 | 735 | 776 | 816 | 857 | 898 |
| 107 | | 938 | 979 | *019 | *060 | *100 | *141 | *181 | *222 | *262 | *302 |
| 108 | 03 | 342 | 383 | 423 | 463 | 503 | 543 | 583 | 623 | 663 | 703 |
| 109 | | 743 | 782 | 822 | 862 | 902 | 941 | 981 | *021 | *060 | *100 |
| 110 | 04 | 139 | 179 | 218 | 258 | 297 | 336 | 376 | 415 | 454 | 493 |
| 111 | | 532 | 571 | 610 | 650 | 689 | 727 | 766 | 805 | 844 | 883 |
| 112 | | 922 | 961 | 999 | *038 | *077 | *115 | *154 | *192 | *231 | *269 |
| 113 | 05 | 308 | 346 | 385 | 423 | 461 | 500 | 538 | 576 | 614 | 652 |
| 114 | | 690 | 729 | 767 | 805 | 843 | 881 | 918 | 956 | 994 | *032 |
| 115 | 06 | 070 | 108 | 145 | 183 | 221 | 258 | 296 | 333 | 371 | 408 |
| 116 | | 446 | 483 | 521 | 558 | 595 | 633 | 670 | 707 | 744 | 781 |
| 117 | | 819 | 856 | 893 | 930 | 967 | *004 | *041 | *078 | *115 | *151 |
| 118 | 07 | 188 | 225 | 262 | 298 | 335 | 372 | 408 | 445 | 482 | 518 |
| 119 | | 555 | 591 | 628 | 664 | 700 | 737 | 773 | 809 | 846 | 882 |
| 120 | | 918 | 954 | 990 | *027 | *063 | *099 | *135 | *171 | *207 | *243 |
| 121 | 08 | 279 | 314 | 350 | 386 | 422 | 458 | 493 | 529 | 565 | 600 |
| 122 | | 636 | 672 | 707 | 743 | 778 | 814 | 849 | 884 | 920 | 955 |
| 123 | | 991 | *026 | *061 | *096 | *132 | *167 | *202 | *237 | *272 | *307 |
| 124 | 09 | 342 | 377 | 412 | 447 | 482 | 517 | 552 | 587 | 621 | 656 |
| 125 | | 691 | 726 | 760 | 795 | 830 | 864 | 899 | 934 | 968 | *003 |
| 126 | 10 | 037 | 072 | 106 | 140 | 175 | 209 | 243 | 278 | 312 | 346 |
| 127 | | 380 | 415 | 449 | 483 | 517 | 551 | 585 | 619 | 653 | 687 |
| 128 | | 721 | 755 | 789 | 823 | 857 | 890 | 924 | 958 | 992 | *025 |
| 129 | 11 | 059 | 093 | 126 | 160 | 193 | 227 | 261 | 294 | 327 | 361 |
| 130 | | 394 | 428 | 461 | 494 | 528 | 561 | 594 | 628 | 661 | 694 |
| 131 | | 727 | 760 | 793 | 826 | 860 | 893 | 926 | 959 | 992 | *024 |
| 132 | 12 | 057 | 090 | 123 | 156 | 189 | 222 | 254 | 287 | 320 | 352 |
| 133 | | 385 | 418 | 450 | 483 | 516 | 548 | 581 | 613 | 646 | 678 |
| 134 | | 710 | 743 | 775 | 808 | 840 | 872 | 905 | 937 | 969 | *001 |
| N. | L. | 0 | 1 | 2 | 3 | 4 | 5 | 6 | 7 | 8 | 9 |

**P. P.**

| | 44 | 43 | 4 |
|---|---|---|---|
| 1 | 4,4 | 4,3 | 4, |
| 2 | 8,8 | 8,6 | 8, |
| 3 | 13,2 | 12,9 | 12, |
| 4 | 17,6 | 17,2 | 16, |
| 5 | 22,0 | 21,5 | 21, |
| 6 | 26,4 | 25,8 | 25, |
| 7 | 30,8 | 30,1 | 29, |
| 8 | 35,2 | 34,4 | 33, |
| 9 | 39,6 | 38,7 | 37, |

| | 41 | 40 | 3 |
|---|---|---|---|
| 1 | 4,1 | 4,0 | 3, |
| 2 | 8,2 | 8,0 | 7, |
| 3 | 12,3 | 12,0 | 11, |
| 4 | 16,4 | 16,0 | 15, |
| 5 | 20,5 | 20,0 | 19, |
| 6 | 24,6 | 24,0 | 23, |
| 7 | 28,7 | 28,0 | 27, |
| 8 | 32,8 | 32,0 | 31, |
| 9 | 36,9 | 36,0 | 35, |

| | 38 | 37 | 3 |
|---|---|---|---|
| 1 | 3,8 | 3,7 | 3, |
| 2 | 7,6 | 7,4 | 7, |
| 3 | 11,4 | 11,1 | 10, |
| 4 | 15,2 | 14,8 | 14, |
| 5 | 19,0 | 18,5 | 18, |
| 6 | 22,8 | 22,2 | 21, |
| 7 | 26,6 | 25,9 | 25, |
| 8 | 30,4 | 29,6 | 28, |
| 9 | 34,2 | 33,3 | 32, |

| | 35 | 34 | 33 |
|---|---|---|---|
| 1 | 3,5 | 3,4 | 3, |
| 2 | 7,0 | 6,8 | 6, |
| 3 | 10,5 | 10,2 | 9, |
| 4 | 14,0 | 13,6 | 13, |
| 5 | 17,5 | 17,0 | 16, |
| 6 | 21,0 | 20,4 | 19, |
| 7 | 24,5 | 23,8 | 23, |
| 8 | 28,0 | 27,2 | 26, |
| 9 | 31,5 | 30,6 | 29, |

P. P.

Man.



| L. | 0 | 1 | 2 | 3 | 4 | 5 | 6 | 7 | 8 | 9 |
|---|---|---|---|---|---|---|---|---|---|---|
| 13 | 033 | 066 | 098 | 130 | 162 | 194 | 226 | 258 | 290 | 322 |
| | 354 | 386 | 418 | 450 | 481 | 513 | 545 | 577 | 609 | 640 |
| | 672 | 704 | 735 | 767 | 799 | 830 | 862 | 893 | 925 | 956 |
| | 988 | *019 | *051 | *082 | *114 | *145 | *176 | *208 | *239 | *270 |
| 14 | 301 | 333 | 364 | 395 | 426 | 457 | 489 | 520 | 551 | 582 |
| | 613 | 644 | 675 | 706 | 737 | 768 | 799 | 829 | 860 | 891 |
| | 922 | 953 | 983 | *014 | *045 | *076 | *106 | *137 | *168 | *198 |
| 15 | 229 | 259 | 290 | 320 | 351 | 381 | 412 | 442 | 473 | 503 |
| | 534 | 564 | 594 | 625 | 655 | 685 | 715 | 746 | 776 | 806 |
| | 836 | 866 | 897 | 927 | 957 | 987 | *017 | *047 | *077 | *107 |
| 16 | 137 | 167 | 197 | 227 | 256 | 286 | 316 | 346 | 376 | 406 |
| | 435 | 465 | 495 | 524 | 554 | 584 | 613 | 643 | 673 | 702 |
| | 732 | 761 | 791 | 820 | 850 | 879 | 909 | 938 | 967 | 997 |
| 17 | 026 | 056 | 085 | 114 | 143 | 173 | 202 | 231 | 260 | 289 |
| | 319 | 348 | 377 | 406 | 435 | 464 | 493 | 522 | 551 | 580 |
| | 609 | 638 | 667 | 696 | 725 | 754 | 782 | 811 | 840 | 869 |
| | 898 | 926 | 955 | 984 | *013 | *041 | *070 | *099 | *127 | *156 |
| 18 | 184 | 213 | 241 | 270 | 298 | 327 | 355 | 384 | 412 | 441 |
| | 469 | 498 | 526 | 554 | 583 | 611 | 639 | 667 | 696 | 724 |
| | 752 | 780 | 808 | 837 | 865 | 893 | 921 | 949 | 977 | *005 |
| 19 | 033 | 061 | 089 | 117 | 145 | 173 | 201 | 229 | 257 | 285 |
| | 312 | 340 | 368 | 396 | 424 | 451 | 479 | 507 | 535 | 562 |
| | 590 | 618 | 645 | 673 | 700 | 728 | 756 | 783 | 811 | 838 |
| | 866 | 893 | 921 | 948 | 976 | *003 | *030 | *058 | *085 | *112 |
| 20 | 140 | 167 | 194 | 222 | 249 | 276 | 303 | 330 | 358 | 385 |
| | 412 | 439 | 466 | 493 | 520 | 548 | 575 | 602 | 629 | 656 |
| | 683 | 710 | 737 | 763 | 790 | 817 | 844 | 871 | 898 | 925 |
| | 952 | 978 | *005 | *032 | *059 | *085 | *112 | *139 | *165 | *192 |
| 21 | 219 | 245 | 272 | 299 | 325 | 352 | 378 | 405 | 431 | 458 |
| | 484 | 511 | 537 | 564 | 590 | 617 | 643 | 669 | 696 | 722 |
| | 748 | 775 | 801 | 827 | 854 | 880 | 906 | 932 | 958 | 985 |
| 22 | 011 | 037 | 063 | 089 | 115 | 141 | 167 | 194 | 220 | 246 |
| | 272 | 298 | 324 | 350 | 376 | 401 | 427 | 453 | 479 | 505 |
| | 531 | 557 | 583 | 608 | 634 | 660 | 686 | 712 | 737 | 763 |
| | 789 | 814 | 840 | 866 | 891 | 917 | 943 | 968 | 994 | *019 |
| L. | 0 | 1 | 2 | 3 | 4 | 5 | 6 | 7 | 8 | 9 |

P. P.

| | 32 | 31 |
|---|---|---|
| 1 | 3,2 | 3,1 |
| 2 | 6,4 | 6,2 |
| 3 | 9,6 | 9,3 |
| 4 | 12,8 | 12,4 |
| 5 | 16,0 | 15,5 |
| 6 | 19,2 | 18,6 |
| 7 | 22,4 | 21,7 |
| 8 | 25,6 | 24,8 |
| 9 | 28,8 | 27,9 |

| | 30 | 29 |
|---|---|---|
| 1 | 3,0 | 2,9 |
| 2 | 6,0 | 5,8 |
| 3 | 9,0 | 8,7 |
| 4 | 12,0 | 11,6 |
| 5 | 15,0 | 14,5 |
| 6 | 18,0 | 17,4 |
| 7 | 21,0 | 20,3 |
| 8 | 24,0 | 23,2 |
| 9 | 27,0 | 26,1 |

| | 28 | 27 |
|---|---|---|
| 1 | 2,8 | 2,7 |
| 2 | 5,6 | 5,4 |
| 3 | 8,4 | 8,1 |
| 4 | 11,2 | 10,8 |
| 5 | 14,0 | 13,5 |
| 6 | 16,8 | 16,2 |
| 7 | 19,6 | 18,9 |
| 8 | 22,4 | 21,6 |
| 9 | 25,2 | 24,3 |

| | 26 |
|---|---|
| 1 | 2,6 |
| 2 | 5,2 |
| 3 | 7,8 |
| 4 | 10,4 |
| 5 | 13,0 |
| 6 | 15,6 |
| 7 | 18,2 |
| 8 | 20,8 |
| 9 | 23,4 |

P. P.

| N. | L. | 0 | 1 | 2 | 3 | 4 | 5 | 6 | 7 | 8 | 9 |
|---|---|---|---|---|---|---|---|---|---|---|---|
| 170 | 23 | 045 | 070 | 096 | 121 | 147 | 172 | 198 | 223 | 249 | 274 |
| 171 | | 300 | 325 | 350 | 376 | 401 | 426 | 452 | 477 | 502 | 528 |
| 172 | | 553 | 578 | 603 | 629 | 654 | 679 | 704 | 729 | 754 | 779 |
| 173 | | 805 | 830 | 855 | 880 | 905 | 930 | 955 | 980 | *005 | *030 |
| 174 | 24 | 055 | 080 | 105 | 130 | 155 | 180 | 204 | 229 | 254 | 279 |
| 175 | | 304 | 329 | 353 | 378 | 403 | 428 | 452 | 477 | 502 | 527 |
| 176 | | 551 | 576 | 601 | 625 | 650 | 674 | 699 | 724 | 748 | 773 |
| 177 | | 797 | 822 | 846 | 871 | 895 | 920 | 944 | 969 | 993 | *018 |
| 178 | 25 | 042 | 066 | 091 | 115 | 139 | 164 | 188 | 212 | 237 | 261 |
| 179 | | 285 | 310 | 334 | 358 | 382 | 406 | 431 | 455 | 479 | 503 |
| 180 | | 527 | 551 | 575 | 600 | 624 | 648 | 672 | 696 | 720 | 744 |
| 181 | | 768 | 792 | 816 | 840 | 864 | 888 | 912 | 935 | 959 | 983 |
| 182 | 26 | 007 | 031 | 055 | 079 | 102 | 126 | 150 | 174 | 198 | 221 |
| 183 | | 245 | 269 | 293 | 316 | 340 | 364 | 387 | 411 | 435 | 458 |
| 184 | | 482 | 505 | 529 | 553 | 576 | 600 | 623 | 647 | 670 | 694 |
| 185 | | 717 | 741 | 764 | 788 | 811 | 834 | 858 | 881 | 905 | 928 |
| 186 | | 951 | 975 | 998 | *021 | *045 | *068 | *091 | *114 | *138 | *161 |
| 187 | 27 | 184 | 207 | 231 | 254 | 277 | 300 | 323 | 346 | 370 | 393 |
| 188 | | 416 | 439 | 462 | 485 | 508 | 531 | 554 | 577 | 600 | 623 |
| 189 | | 646 | 669 | 692 | 715 | 738 | 761 | 784 | 807 | 830 | 852 |
| 190 | | 875 | 898 | 921 | 944 | 967 | 989 | *012 | *035 | *058 | *081 |
| 191 | 28 | 103 | 126 | 149 | 171 | 194 | 217 | 240 | 262 | 285 | 307 |
| 192 | | 330 | 353 | 375 | 398 | 421 | 443 | 466 | 488 | 511 | 533 |
| 193 | | 556 | 578 | 601 | 623 | 646 | 668 | 691 | 713 | 735 | 758 |
| 194 | | 780 | 803 | 825 | 847 | 870 | 892 | 914 | 937 | 959 | 981 |
| 195 | 29 | 003 | 026 | 048 | 070 | 092 | 115 | 137 | 159 | 181 | 203 |
| 196 | | 226 | 248 | 270 | 292 | 314 | 336 | 358 | 380 | 403 | 425 |
| 197 | | 447 | 469 | 491 | 513 | 535 | 557 | 579 | 601 | 623 | 645 |
| 198 | | 667 | 688 | 710 | 732 | 754 | 776 | 798 | 820 | 842 | 863 |
| 199 | | 885 | 907 | 929 | 951 | 973 | 994 | *016 | *038 | *060 | *081 |
| 200 | 30 | 103 | 125 | 146 | 168 | 190 | 211 | 233 | 255 | 276 | 298 |
| 201 | | 320 | 341 | 363 | 384 | 406 | 428 | 449 | 471 | 492 | 514 |
| 202 | | 535 | 557 | 578 | 600 | 621 | 643 | 664 | 685 | 707 | 728 |
| 203 | | 750 | 771 | 792 | 814 | 835 | 856 | 878 | 899 | 920 | 942 |
| 204 | | 963 | 984 | *006 | *027 | *048 | *069 | *091 | *112 | *133 | *154 |
| N. | L. | 0 | 1 | 2 | 3 | 4 | 5 | 6 | 7 | 8 | 9 |

P. P.

| | 26 | 2 |
|---|---|---|
| 1 | 2,6 | 2, |
| 2 | 5,2 | 5, |
| 3 | 7,8 | 7, |
| 4 | 10,4 | 10, |
| 5 | 13,0 | 12, |
| 6 | 15,6 | 15, |
| 7 | 18,2 | 17, |
| 8 | 20,8 | 20, |
| 9 | 23,4 | 22, |

| | 24 | 2 |
|---|---|---|
| 1 | 2,4 | 2, |
| 2 | 4,8 | 4, |
| 3 | 7,2 | 6, |
| 4 | 9,6 | 9, |
| 5 | 12,0 | 11, |
| 6 | 14,4 | 13, |
| 7 | 16,8 | 16, |
| 8 | 19,2 | 18, |
| 9 | 21,6 | 20, |

| | 22 | 2 |
|---|---|---|
| 1 | 2,2 | 2, |
| 2 | 4,4 | 4, |
| 3 | 6,6 | 6, |
| 4 | 8,8 | 8, |
| 5 | 11,0 | 10, |
| 6 | 13,2 | 12, |
| 7 | 15,4 | 14, |
| 8 | 17,6 | 16, |
| 9 | 19,8 | 18, |

P. P.

| N. | L. | 0 | 1 | 2 | 3 | 4 | 5 | 6 | 7 | 8 | 9 |
|---|---|---|---|---|---|---|---|---|---|---|---|
| 205 | 31 | 175 | 197 | 218 | 239 | 260 | 281 | 302 | 323 | 345 | 366 |
| 206 | | 387 | 408 | 429 | 450 | 471 | 492 | 513 | 534 | 555 | 576 |
| 207 | | 597 | 618 | 639 | 660 | 681 | 702 | 723 | 744 | 765 | 785 |
| 208 | | 806 | 827 | 848 | 869 | 890 | 911 | 931 | 952 | 973 | 994 |
| 209 | 32 | 015 | 035 | 056 | 077 | 098 | 118 | 139 | 160 | 181 | 201 |
| 210 | | 222 | 243 | 263 | 284 | 305 | 325 | 346 | 366 | 387 | 408 |
| 211 | | 428 | 449 | 469 | 490 | 510 | 531 | 552 | 572 | 593 | 613 |
| 212 | | 634 | 654 | 675 | 695 | 715 | 736 | 756 | 777 | 797 | 818 |
| 213 | | 838 | 858 | 879 | 899 | 919 | 940 | 960 | 980 | *001 | *021 |
| 214 | 33 | 041 | 062 | 082 | 102 | 122 | 143 | 163 | 183 | 203 | 224 |
| 215 | | 244 | 264 | 284 | 304 | 325 | 345 | 365 | 385 | 405 | 425 |
| 216 | | 445 | 465 | 486 | 506 | 526 | 546 | 566 | 586 | 606 | 626 |
| 217 | | 646 | 666 | 686 | 706 | 726 | 746 | 766 | 786 | 806 | 826 |
| 218 | | 846 | 866 | 885 | 905 | 925 | 945 | 965 | 985 | *005 | *025 |
| 219 | 34 | 044 | 064 | 084 | 104 | 124 | 143 | 163 | 183 | 203 | 223 |
| 220 | | 242 | 262 | 282 | 301 | 321 | 341 | 361 | 380 | 400 | 420 |
| 221 | | 439 | 459 | 479 | 498 | 518 | 537 | 557 | 577 | 596 | 616 |
| 222 | | 635 | 655 | 674 | 694 | 713 | 733 | 753 | 772 | 792 | 811 |
| 223 | | 830 | 850 | 869 | 889 | 908 | 928 | 947 | 967 | 986 | *005 |
| 224 | 35 | 025 | 044 | 064 | 083 | 102 | 122 | 141 | 160 | 180 | 199 |
| 225 | | 218 | 238 | 257 | 276 | 295 | 315 | 334 | 353 | 372 | 392 |
| 226 | | 411 | 430 | 449 | 468 | 488 | 507 | 526 | 545 | 564 | 583 |
| 227 | | 603 | 622 | 641 | 660 | 679 | 698 | 717 | 736 | 755 | 774 |
| 228 | | 793 | 813 | 832 | 851 | 870 | 889 | 908 | 927 | 946 | 965 |
| 229 | | 984 | *003 | *021 | *040 | *059 | *078 | *097 | *116 | *135 | *154 |
| 230 | 36 | 173 | 192 | 211 | 229 | 248 | 267 | 286 | 305 | 324 | 342 |
| 231 | | 361 | 380 | 399 | 418 | 436 | 455 | 474 | 493 | 511 | 530 |
| 232 | | 549 | 568 | 586 | 605 | 624 | 642 | 661 | 680 | 698 | 717 |
| 233 | | 736 | 754 | 773 | 791 | 810 | 829 | 847 | 866 | 884 | 903 |
| 234 | | 922 | 940 | 959 | 977 | 996 | *014 | *033 | *051 | *070 | *088 |
| 235 | 37 | 107 | 125 | 144 | 162 | 181 | 199 | 218 | 236 | 254 | 273 |
| 236 | | 291 | 310 | 328 | 346 | 365 | 383 | 401 | 420 | 438 | 457 |
| 237 | | 475 | 493 | 511 | 530 | 548 | 566 | 585 | 603 | 621 | 639 |
| 238 | | 658 | 676 | 694 | 712 | 731 | 749 | 767 | 785 | 803 | 822 |
| 239 | | 840 | 858 | 876 | 894 | 912 | 931 | 949 | 967 | 985 | *003 |
| N. | L. | 0 | 1 | 2 | 3 | 4 | 5 | 6 | 7 | 8 | 9 |

| P. P. | 21 | 20 | 19 | 18 |
|---|---|---|---|---|
| 1 | 2,1 | 2,0 | 1,9 | 1,8 |
| 2 | 4,2 | 4,0 | 3,8 | 3,6 |
| 3 | 6,3 | 6,0 | 5,7 | 5,4 |
| 4 | 8,4 | 8,0 | 7,6 | 7,2 |
| 5 | 10,5 | 10,0 | 9,5 | 9,0 |
| 6 | 12,6 | 12,0 | 11,4 | 10,8 |
| 7 | 14,7 | 14,0 | 13,3 | 12,6 |
| 8 | 16,8 | 16,0 | 15,2 | 14,4 |
| 9 | 18,9 | 18,0 | 17,1 | 16,2 |

| N. | L. 0 | 1 | 2 | 3 | 4 | 5 | 6 | 7 | 8 | 9 |
|---|---|---|---|---|---|---|---|---|---|---|
| 240 | 38 021 | 039 | 057 | 075 | 093 | 112 | 130 | 148 | 166 | 184 |
| 241 | 202 | 220 | 238 | 256 | 274 | 292 | 310 | 328 | 346 | 364 |
| 242 | 382 | 399 | 417 | 435 | 453 | 471 | 489 | 507 | 525 | 543 |
| 243 | 561 | 578 | 596 | 614 | 632 | 650 | 668 | 686 | 703 | 721 |
| 244 | 739 | 757 | 775 | 792 | 810 | 828 | 846 | 863 | 881 | 899 |
| 245 | 917 | 934 | 952 | 970 | 987 | *005 | *023 | *041 | *058 | *076 |
| 246 | 39 094 | 111 | 129 | 146 | 164 | 182 | 199 | 217 | 235 | 252 |
| 247 | 270 | 287 | 305 | 322 | 340 | 358 | 375 | 393 | 410 | 428 |
| 248 | 445 | 463 | 480 | 498 | 515 | 533 | 550 | 568 | 585 | 602 |
| 249 | 620 | 637 | 655 | 672 | 690 | 707 | 724 | 742 | 759 | 777 |
| 250 | 794 | 811 | 829 | 846 | 863 | 881 | 898 | 915 | 933 | 950 |
| 251 | 967 | 985 | *002 | *019 | *037 | *054 | *071 | *088 | *106 | *123 |
| 252 | 40 140 | 157 | 175 | 192 | 209 | 226 | 243 | 261 | 278 | 295 |
| 253 | 312 | 329 | 346 | 364 | 381 | 398 | 415 | 432 | 449 | 466 |
| 254 | 483 | 500 | 518 | 535 | 552 | 569 | 586 | 603 | 620 | 637 |
| 255 | 654 | 671 | 688 | 705 | 722 | 739 | 756 | 773 | 790 | 807 |
| 256 | 824 | 841 | 858 | 875 | 892 | 909 | 926 | 943 | 960 | 976 |
| 257 | 993 | *010 | *027 | *044 | *061 | *078 | *095 | *111 | *128 | *145 |
| 258 | 41 162 | 179 | 196 | 212 | 229 | 246 | 263 | 280 | 296 | 313 |
| 259 | 330 | 347 | 363 | 380 | 397 | 414 | 430 | 447 | 464 | 481 |
| 260 | 497 | 514 | 531 | 547 | 564 | 581 | 597 | 614 | 631 | 647 |
| 261 | 664 | 681 | 697 | 714 | 731 | 747 | 764 | 780 | 797 | 814 |
| 262 | 830 | 847 | 863 | 880 | 896 | 913 | 929 | 946 | 963 | 979 |
| 263 | 996 | *012 | *029 | *045 | *062 | *078 | *095 | *111 | *127 | *144 |
| 264 | 42 160 | 177 | 193 | 210 | 226 | 243 | 259 | 275 | 292 | 308 |
| 265 | 325 | 341 | 357 | 374 | 390 | 406 | 423 | 439 | 455 | 472 |
| 266 | 488 | 504 | 521 | 537 | 553 | 570 | 586 | 602 | 619 | 635 |
| 267 | 651 | 667 | 684 | 700 | 716 | 732 | 749 | 765 | 781 | 797 |
| 268 | 813 | 830 | 846 | 862 | 878 | 894 | 911 | 927 | 943 | 959 |
| 269 | 975 | 991 | *008 | *024 | *040 | *056 | *072 | *088 | *104 | *120 |
| 270 | 43 136 | 152 | 169 | 185 | 201 | 217 | 233 | 249 | 265 | 281 |
| 271 | 297 | 313 | 329 | 345 | 361 | 377 | 393 | 409 | 425 | 441 |
| 272 | 457 | 473 | 489 | 505 | 521 | 537 | 553 | 569 | 584 | 600 |
| 273 | 616 | 632 | 648 | 664 | 680 | 696 | 712 | 727 | 743 | 759 |
| 274 | 775 | 791 | 807 | 823 | 838 | 854 | 870 | 886 | 902 | 917 |

N. L. 0 1 2 3 4 5 6 7 8 9 P. P.

P. P.

| | 19 | 18 | 17 | 16 |
|---|---|---|---|---|
| 1 | 1,9 | 1,8 | 1,7 | 1,6 |
| 2 | 3,8 | 3,6 | 3,4 | 3,2 |
| 3 | 5,7 | 5,4 | 5,1 | 4,8 |
| 4 | 7,6 | 7,2 | 6,8 | 6,4 |
| 5 | 9,5 | 9,0 | 8,5 | 8,0 |
| 6 | 11,4 | 10,8 | 10,2 | 9,6 |
| 7 | 13,3 | 12,6 | 11,9 | 11,2 |
| 8 | 15,2 | 14,4 | 13,6 | 12,8 |
| 9 | 17,1 | 16,2 | 15,3 | 14,4 |

| N. | L. 0 | 1 | 2 | 3 | 4 | 5 | 6 | 7 | 8 | 9 |
|---|---|---|---|---|---|---|---|---|---|---|
| 275 | 43 933 | 949 | 965 | 981 | 996 | *012 | *028 | *044 | *059 | *075 |
| 276 | 44 091 | 107 | 122 | 138 | 154 | 170 | 185 | 201 | 217 | 232 |
| 277 | 248 | 264 | 279 | 295 | 311 | 326 | 342 | 358 | 373 | 389 |
| 278 | 404 | 420 | 436 | 451 | 467 | 483 | 498 | 514 | 529 | 545 |
| 279 | 560 | 576 | 592 | 607 | 623 | 638 | 654 | 669 | 685 | 700 |
| 280 | 716 | 731 | 747 | 762 | 778 | 793 | 809 | 824 | 840 | 855 |
| 281 | 871 | 886 | 902 | 917 | 932 | 948 | 963 | 979 | 994 | *010 |
| 282 | 45 025 | 040 | 056 | 071 | 086 | 102 | 117 | 133 | 148 | 163 |
| 283 | 179 | 194 | 209 | 225 | 240 | 255 | 271 | 286 | 301 | 317 |
| 284 | 332 | 347 | 362 | 378 | 393 | 408 | 423 | 439 | 454 | 469 |
| 285 | 484 | 500 | 515 | 530 | 545 | 561 | 576 | 591 | 606 | 621 |
| 286 | 637 | 652 | 667 | 682 | 697 | 712 | 728 | 743 | 758 | 773 |
| 287 | 788 | 803 | 818 | 834 | 849 | 864 | 879 | 894 | 909 | 924 |
| 288 | 939 | 954 | 969 | 984 | *000 | *015 | *030 | *045 | *060 | *075 |
| 289 | 46 090 | 105 | 120 | 135 | 150 | 165 | 180 | 195 | 210 | 225 |
| 290 | 240 | 255 | 270 | 285 | 300 | 315 | 330 | 345 | 359 | 374 |
| 291 | 389 | 404 | 419 | 434 | 449 | 464 | 479 | 494 | 509 | 523 |
| 292 | 538 | 553 | 568 | 583 | 598 | 613 | 627 | 642 | 657 | 672 |
| 293 | 687 | 702 | 716 | 731 | 746 | 761 | 776 | 790 | 805 | 820 |
| 294 | 835 | 850 | 864 | 879 | 894 | 909 | 923 | 938 | 953 | 967 |
| 295 | 982 | 997 | *012 | *026 | *041 | *056 | *070 | *085 | *100 | *114 |
| 296 | 47 129 | 144 | 159 | 173 | 188 | 202 | 217 | 232 | 246 | 261 |
| 297 | 276 | 290 | 305 | 319 | 334 | 349 | 363 | 378 | 392 | 407 |
| 298 | 422 | 436 | 451 | 465 | 480 | 494 | 509 | 524 | 538 | 553 |
| 299 | 567 | 582 | 596 | 611 | 625 | 640 | 654 | 669 | 683 | 698 |
| 300 | 712 | 727 | 741 | 756 | 770 | 784 | 799 | 813 | 828 | 842 |
| 301 | 857 | 871 | 885 | 900 | 914 | 929 | 943 | 958 | 972 | 986 |
| 302 | 48 001 | 015 | 029 | 044 | 058 | 073 | 087 | 101 | 116 | 130 |
| 303 | 144 | 159 | 173 | 187 | 202 | 216 | 230 | 244 | 259 | 273 |
| 304 | 287 | 302 | 316 | 330 | 344 | 359 | 373 | 387 | 401 | 416 |
| 305 | 430 | 444 | 458 | 473 | 487 | 501 | 515 | 530 | 544 | 558 |
| 306 | 572 | 586 | 601 | 615 | 629 | 643 | 657 | 671 | 686 | 700 |
| 307 | 714 | 728 | 742 | 756 | 770 | 785 | 799 | 813 | 827 | 841 |
| 308 | 855 | 869 | 883 | 897 | 911 | 926 | 940 | 954 | 968 | 982 |
| 309 | 996 | *010 | *024 | *038 | *052 | *066 | *080 | *094 | *108 | *122 |
| N. | L. 0 | 1 | 2 | 3 | 4 | 5 | 6 | 7 | 8 | 9 |

P. P.

| | 16 |
|---|---|
| 1 | 1,6 |
| 2 | 3,2 |
| 3 | 4,8 |
| 4 | 6,4 |
| 5 | 8,0 |
| 6 | 9,6 |
| 7 | 11,2 |
| 8 | 12,8 |
| 9 | 14,4 |

| | 15 |
|---|---|
| 1 | 1,5 |
| 2 | 3,0 |
| 3 | 4,5 |
| 4 | 6,0 |
| 5 | 7,5 |
| 6 | 9,0 |
| 7 | 10,5 |
| 8 | 12,0 |
| 9 | 13,5 |

| | 14 |
|---|---|
| 1 | 1,4 |
| 2 | 2,8 |
| 3 | 4,2 |
| 4 | 5,6 |
| 5 | 7,0 |
| 6 | 8,4 |
| 7 | 9,8 |
| 8 | 11,2 |
| 9 | 12,6 |

| N. | L. | 0 | 1 | 2 | 3 | 4 | 5 | 6 | 7 | 8 | 9 | P. P. |
|---|---|---|---|---|---|---|---|---|---|---|---|---|
| 310 | 49 | 136 | 150 | 164 | 178 | 192 | 206 | 220 | 234 | 248 | 262 | |
| 311 | | 276 | 290 | 304 | 318 | 332 | 346 | 360 | 374 | 388 | 402 | |
| 312 | | 415 | 429 | 443 | 457 | 471 | 485 | 499 | 513 | 527 | 541 | |
| 313 | | 554 | 568 | 582 | 596 | 610 | 624 | 638 | 651 | 665 | 679 | |
| 314 | | 693 | 707 | 721 | 734 | 748 | 762 | 776 | 790 | 803 | 817 | |
| 315 | | 831 | 845 | 859 | 872 | 886 | 900 | 914 | 927 | 941 | 955 | |
| 316 | | 969 | 982 | 996 | *010 | *024 | *037 | *051 | *065 | *079 | *092 | 14 |
| 317 | 50 | 106 | 120 | 133 | 147 | 161 | 174 | 188 | 202 | 215 | 229 | 1 1,4 |
| 318 | | 243 | 256 | 270 | 284 | 297 | 311 | 325 | 338 | 352 | 365 | 2 2,8 |
| 319 | | 379 | 393 | 406 | 420 | 433 | 447 | 461 | 474 | 488 | 501 | 3 4,2 |
| 320 | | 515 | 529 | 542 | 556 | 569 | 583 | 596 | 610 | 623 | 637 | 4 5,6 |
| 321 | | 651 | 664 | 678 | 691 | 705 | 718 | 732 | 745 | 759 | 772 | 5 7,0 |
| 322 | | 786 | 799 | 813 | 826 | 840 | 853 | 866 | 880 | 893 | 907 | 6 8,4 |
| 323 | | 920 | 934 | 947 | 961 | 974 | 987 | *001 | *014 | *028 | *041 | 7 9,8 |
| 324 | 51 | 055 | 068 | 081 | 095 | 108 | 121 | 135 | 148 | 162 | 175 | 8 11,2 |
| 325 | | 188 | 202 | 215 | 228 | 242 | 255 | 268 | 282 | 295 | 308 | 9 12,6 |
| 326 | | 322 | 335 | 348 | 362 | 375 | 388 | 402 | 415 | 428 | 441 | |
| 327 | | 455 | 468 | 481 | 495 | 508 | 521 | 534 | 548 | 561 | 574 | |
| 328 | | 587 | 601 | 614 | 627 | 640 | 654 | 667 | 680 | 693 | 706 | |
| 329 | | 720 | 733 | 746 | 759 | 772 | 786 | 799 | 812 | 825 | 838 | |
| 330 | | 851 | 865 | 878 | 891 | 904 | 917 | 930 | 943 | 957 | 970 | |
| 331 | | 983 | 996 | *009 | *022 | *035 | *048 | *061 | *075 | *088 | *101 | 13 |
| 332 | 52 | 114 | 127 | 140 | 153 | 166 | 179 | 192 | 205 | 218 | 231 | 1 1,3 |
| 333 | | 244 | 257 | 270 | 284 | 297 | 310 | 323 | 336 | 349 | 362 | 2 2,6 |
| 334 | | 375 | 388 | 401 | 414 | 427 | 440 | 453 | 466 | 479 | 492 | 3 3,9 |
| 335 | | 504 | 517 | 530 | 543 | 556 | 569 | 582 | 595 | 608 | 621 | 4 5,2 |
| 336 | | 634 | 647 | 660 | 673 | 686 | 699 | 711 | 724 | 737 | 750 | 5 6,5 |
| 337 | | 763 | 776 | 789 | 802 | 815 | 827 | 840 | 853 | 866 | 879 | 6 7,8 |
| 338 | | 892 | 905 | 917 | 930 | 943 | 956 | 969 | 982 | 994 | *007 | 7 9,1 |
| 339 | 53 | 020 | 033 | 046 | 058 | 071 | 084 | 097 | 110 | 122 | 135 | 8 10,4 |
| 340 | | 148 | 161 | 173 | 186 | 199 | 212 | 224 | 237 | 250 | 263 | 9 11,7 |
| 341 | | 275 | 288 | 301 | 314 | 326 | 339 | 352 | 364 | 377 | 390 | |
| 342 | | 403 | 415 | 428 | 441 | 453 | 466 | 479 | 491 | 504 | 517 | |
| 343 | | 529 | 542 | 555 | 567 | 580 | 593 | 605 | 618 | 631 | 643 | |
| 344 | | 656 | 668 | 681 | 694 | 706 | 719 | 732 | 744 | 757 | 769 | |
| N. | L. | 0 | 1 | 2 | 3 | 4 | 5 | 6 | 7 | 8 | 9 | P. P. |

| N. | L. 0 | 1 | 2 | 3 | 4 | 5 | 6 | 7 | 8 | 9 |
|---|---|---|---|---|---|---|---|---|---|---|
| 345 | 53 782 | 794 | 807 | 820 | 832 | 845 | 857 | 870 | 882 | 895 |
| 346 | 908 | 920 | 933 | 945 | 958 | 970 | 983 | 995 | *008 | *020 |
| 347 | 54 033 | 045 | 058 | 070 | 083 | 095 | 108 | 120 | 133 | 145 |
| 348 | 158 | 170 | 183 | 195 | 208 | 220 | 233 | 245 | 258 | 270 |
| 349 | 283 | 295 | 307 | 320 | 332 | 345 | 357 | 370 | 382 | 394 |
| 350 | 407 | 419 | 432 | 444 | 456 | 469 | 481 | 494 | 506 | 518 |
| 351 | 531 | 543 | 555 | 568 | 580 | 593 | 605 | 617 | 630 | 642 |
| 352 | 654 | 667 | 679 | 691 | 704 | 716 | 728 | 741 | 753 | 765 |
| 353 | 777 | 790 | 802 | 814 | 827 | 839 | 851 | 864 | 876 | 888 |
| 354 | 900 | 913 | 925 | 937 | 949 | 962 | 974 | 986 | 998 | *011 |
| 355 | 55 023 | 035 | 047 | 060 | 072 | 084 | 096 | 108 | 121 | 133 |
| 356 | 145 | 157 | 169 | 182 | 194 | 206 | 218 | 230 | 242 | 255 |
| 357 | 267 | 279 | 291 | 303 | 315 | 328 | 340 | 352 | 364 | 376 |
| 358 | 388 | 400 | 413 | 425 | 437 | 449 | 461 | 473 | 485 | 497 |
| 359 | 509 | 522 | 534 | 546 | 558 | 570 | 582 | 594 | 606 | 618 |
| 360 | 630 | 642 | 654 | 666 | 678 | 691 | 703 | 715 | 727 | 739 |
| 361 | 751 | 763 | 775 | 787 | 799 | 811 | 823 | 835 | 847 | 859 |
| 362 | 871 | 883 | 895 | 907 | 919 | 931 | 943 | 955 | 967 | 979 |
| 363 | 991 | *003 | *015 | *027 | *038 | *050 | *062 | *074 | *086 | *098 |
| 364 | 56 110 | 122 | 134 | 146 | 158 | 170 | 182 | 194 | 205 | 217 |
| 365 | 229 | 241 | 253 | 265 | 277 | 289 | 301 | 312 | 324 | 336 |
| 366 | 348 | 360 | 372 | 384 | 396 | 407 | 419 | 431 | 443 | 455 |
| 367 | 467 | 478 | 490 | 502 | 514 | 526 | 538 | 549 | 561 | 573 |
| 368 | 585 | 597 | 608 | 620 | 632 | 644 | 656 | 667 | 679 | 691 |
| 369 | 703 | 714 | 726 | 738 | 750 | 761 | 773 | 785 | 797 | 808 |
| 370 | 820 | 832 | 844 | 855 | 867 | 879 | 891 | 902 | 914 | 926 |
| 371 | 937 | 949 | 961 | 972 | 984 | 996 | *008 | *019 | *031 | *043 |
| 372 | 57 054 | 066 | 078 | 089 | 101 | 113 | 124 | 136 | 148 | 159 |
| 373 | 171 | 183 | 194 | 206 | 217 | 229 | 241 | 252 | 264 | 276 |
| 374 | 287 | 299 | 310 | 322 | 334 | 345 | 357 | 368 | 380 | 392 |
| 375 | 403 | 415 | 426 | 438 | 449 | 461 | 473 | 484 | 496 | 507 |
| 376 | 519 | 530 | 542 | 553 | 565 | 576 | 588 | 600 | 611 | 623 |
| 377 | 634 | 646 | 657 | 669 | 680 | 692 | 703 | 715 | 726 | 738 |
| 378 | 749 | 761 | 772 | 784 | 795 | 807 | 818 | 830 | 841 | 852 |
| 379 | 864 | 875 | 887 | 898 | 910 | 921 | 933 | 944 | 955 | 967 |
| N. | L. 0 | 1 | 2 | 3 | 4 | 5 | 6 | 7 | 8 | 9 |

P. P.

| | 13 |
|---|---|
| 1 | 1,3 |
| 2 | 2,6 |
| 3 | 3,9 |
| 4 | 5,2 |
| 5 | 6,5 |
| 6 | 7,8 |
| 7 | 9,1 |
| 8 | 10,4 |
| 9 | 11,7 |

| | 12 |
|---|---|
| 1 | 1,2 |
| 2 | 2,4 |
| 3 | 3,6 |
| 4 | 4,8 |
| 5 | 6,0 |
| 6 | 7,2 |
| 7 | 8,4 |
| 8 | 9,6 |
| 9 | 10,8 |

| | 11 |
|---|---|
| 1 | 1,1 |
| 2 | 2,2 |
| 3 | 3,3 |
| 4 | 4,4 |
| 5 | 5,5 |
| 6 | 6,6 |
| 7 | 7,7 |
| 8 | 8,8 |
| 9 | 9,9 |

| N. | L. 0 | 1 | 2 | 3 | 4 | 5 | 6 | 7 | 8 | 9 | P. P. |
|---|---|---|---|---|---|---|---|---|---|---|---|
| 380 | 57 978 | 990 | *001 | *013 | *024 | *035 | *047 | *058 | *070 | *081 | |
| 381 | 58 092 | 104 | 115 | 127 | 138 | 149 | 161 | 172 | 184 | 195 | |
| 382 | 206 | 218 | 229 | 240 | 252 | 263 | 274 | 286 | 297 | 309 | |
| 383 | 320 | 331 | 343 | 354 | 365 | 377 | 388 | 399 | 410 | 422 | |
| 384 | 433 | 444 | 456 | 467 | 478 | 490 | 501 | 512 | 524 | 535 | |
| 385 | 546 | 557 | 569 | 580 | 591 | 602 | 614 | 625 | 636 | 647 | |
| 386 | 659 | 670 | 681 | 692 | 704 | 715 | 726 | 737 | 749 | 760 | 12 |
| 387 | 771 | 782 | 794 | 805 | 816 | 827 | 838 | 850 | 861 | 872 | 1 \| 1,2 |
| 388 | 883 | 894 | 906 | 917 | 928 | 939 | 950 | 961 | 973 | 984 | 2 \| 2,4 |
| 389 | 995 | *006 | *017 | *028 | *040 | *051 | *062 | *073 | *084 | *095 | 3 \| 3,6 |
| 390 | 59 106 | 118 | 129 | 140 | 151 | 162 | 173 | 184 | 195 | 207 | 4 \| 4,8 |
| 391 | 218 | 229 | 240 | 251 | 262 | 273 | 284 | 295 | 306 | 318 | 5 \| 6,0 |
| 392 | 329 | 340 | 351 | 362 | 373 | 384 | 395 | 406 | 417 | 428 | 6 \| 7,2 |
| 393 | 439 | 450 | 461 | 472 | 483 | 494 | 506 | 517 | 528 | 539 | 7 \| 8,4 |
| 394 | 550 | 561 | 572 | 583 | 594 | 605 | 616 | 627 | 638 | 649 | 8 \| 9,6 |
| 395 | 660 | 671 | 682 | 693 | 704 | 715 | 726 | 737 | 748 | 759 | 9 \| 10,8 |
| 396 | 770 | 780 | 791 | 802 | 813 | 824 | 835 | 846 | 857 | 868 | |
| 397 | 879 | 890 | 901 | 912 | 923 | 934 | 945 | 956 | 966 | 977 | |
| 398 | 988 | 999 | *010 | *021 | *032 | *043 | *054 | *065 | *076 | *086 | |
| 399 | 60 097 | 108 | 119 | 130 | 141 | 152 | 163 | 173 | 184 | 195 | |
| 400 | 206 | 217 | 228 | 239 | 249 | 260 | 271 | 282 | 293 | 304 | |
| 401 | 314 | 325 | 336 | 347 | 358 | 369 | 379 | 390 | 401 | 412 | 11 |
| 402 | 423 | 433 | 444 | 455 | 466 | 477 | 487 | 498 | 509 | 520 | 1 \| 1,1 |
| 403 | 531 | 541 | 552 | 563 | 574 | 584 | 595 | 606 | 617 | 627 | 2 \| 2,2 |
| 404 | 638 | 649 | 660 | 670 | 681 | 692 | 703 | 713 | 724 | 735 | 3 \| 3,3 |
| 405 | 746 | 756 | 767 | 778 | 788 | 799 | 810 | 821 | 831 | 842 | 4 \| 4,4 |
| 406 | 853 | 863 | 874 | 885 | 895 | 906 | 917 | 927 | 938 | 949 | 5 \| 5,5 |
| 407 | 959 | 970 | 981 | 991 | *002 | *013 | *023 | *034 | *045 | *055 | 6 \| 6,6 |
| 408 | 61 066 | 077 | 087 | 098 | 109 | 119 | 130 | 140 | 151 | 162 | 7 \| 7,7 |
| 409 | 172 | 183 | 194 | 204 | 215 | 225 | 236 | 247 | 257 | 268 | 8 \| 8,8 |
| 410 | 278 | 289 | 300 | 310 | 321 | 331 | 342 | 352 | 363 | 374 | 9 \| 9,9 |
| 411 | 384 | 395 | 405 | 416 | 426 | 437 | 448 | 458 | 469 | 479 | |
| 412 | 490 | 500 | 511 | 521 | 532 | 542 | 553 | 563 | 574 | 584 | |
| 413 | 595 | 606 | 616 | 627 | 637 | 648 | 658 | 669 | 679 | 690 | |
| 414 | 700 | 711 | 721 | 731 | 742 | 752 | 763 | 773 | 784 | 794 | |
| N. | L. 0 | 1 | 2 | 3 | 4 | 5 | 6 | 7 | 8 | 9 | P. P. |

| N. | L. 0 | 1 | 2 | 3 | 4 | 5 | 6 | 7 | 8 | 9 |
|---|---|---|---|---|---|---|---|---|---|---|
| 415 | 61 805 | 815 | 826 | 836 | 847 | 857 | 868 | 878 | 888 | 899 |
| 416 | 909 | 920 | 930 | 941 | 951 | 962 | 972 | 982 | 993 | *003 |
| 417 | 62 014 | 024 | 034 | 045 | 055 | 066 | 076 | 086 | 097 | 107 |
| 418 | 118 | 128 | 138 | 149 | 159 | 170 | 180 | 190 | 201 | 211 |
| 419 | 221 | 232 | 242 | 252 | 263 | 273 | 284 | 294 | 304 | 315 |
| 420 | 325 | 335 | 346 | 356 | 366 | 377 | 387 | 397 | 408 | 418 |
| 421 | 428 | 439 | 449 | 459 | 469 | 480 | 490 | 500 | 511 | 521 |
| 422 | 531 | 542 | 552 | 562 | 572 | 583 | 593 | 603 | 613 | 624 |
| 423 | 634 | 644 | 655 | 665 | 675 | 685 | 696 | 706 | 716 | 726 |
| 424 | 737 | 747 | 757 | 767 | 778 | 788 | 798 | 808 | 818 | 829 |
| 425 | 839 | 849 | 859 | 870 | 880 | 890 | 900 | 910 | 921 | 931 |
| 426 | 941 | 951 | 961 | 972 | 982 | 992 | *002 | *012 | *022 | *033 |
| 427 | 63 043 | 053 | 063 | 073 | 083 | 094 | 104 | 114 | 124 | 134 |
| 428 | 144 | 155 | 165 | 175 | 185 | 195 | 205 | 215 | 225 | 236 |
| 429 | 246 | 256 | 266 | 276 | 286 | 296 | 306 | 317 | 327 | 337 |
| 430 | 347 | 357 | 367 | 377 | 387 | 397 | 407 | 417 | 428 | 438 |
| 431 | 448 | 458 | 468 | 478 | 488 | 498 | 508 | 518 | 528 | 538 |
| 432 | 548 | 558 | 568 | 579 | 589 | 599 | 609 | 619 | 629 | 639 |
| 433 | 649 | 659 | 669 | 679 | 689 | 699 | 709 | 719 | 729 | 739 |
| 434 | 749 | 759 | 769 | 779 | 789 | 799 | 809 | 819 | 829 | 839 |
| 435 | 849 | 859 | 869 | 879 | 889 | 899 | 909 | 919 | 929 | 939 |
| 436 | 949 | 959 | 969 | 979 | 988 | 998 | *008 | *018 | *028 | *038 |
| 437 | 64 048 | 058 | 068 | 078 | 088 | 098 | 108 | 118 | 128 | 137 |
| 438 | 147 | 157 | 167 | 177 | 187 | 197 | 207 | 217 | 227 | 237 |
| 439 | 246 | 256 | 266 | 276 | 286 | 296 | 306 | 316 | 326 | 335 |
| 440 | 345 | 355 | 365 | 375 | 385 | 395 | 404 | 414 | 424 | 434 |
| 441 | 444 | 454 | 464 | 473 | 483 | 493 | 503 | 513 | 523 | 532 |
| 442 | 542 | 552 | 562 | 572 | 582 | 591 | 601 | 611 | 621 | 631 |
| 443 | 640 | 650 | 660 | 670 | 680 | 689 | 699 | 709 | 719 | 729 |
| 444 | 738 | 748 | 758 | 768 | 777 | 787 | 797 | 807 | 816 | 826 |
| 445 | 836 | 846 | 856 | 865 | 875 | 885 | 895 | 904 | 914 | 924 |
| 446 | 933 | 943 | 953 | 963 | 972 | 982 | 992 | *002 | *011 | *021 |
| 447 | 65 031 | 040 | 050 | 060 | 070 | 079 | 089 | 099 | 108 | 118 |
| 448 | 128 | 137 | 147 | 157 | 167 | 176 | 186 | 196 | 205 | 215 |
| 449 | 225 | 234 | 244 | 254 | 263 | 273 | 283 | 292 | 302 | 312 |
| N. | L. 0 | 1 | 2 | 3 | 4 | 5 | 6 | 7 | 8 | 9 |

P. P.

| | 11 |
|---|---|
| 1 | 1,1 |
| 2 | 2,2 |
| 3 | 3,3 |
| 4 | 4,4 |
| 5 | 5,5 |
| 6 | 6,6 |
| 7 | 7,7 |
| 8 | 8,8 |
| 9 | 9,9 |

| | 10 |
|---|---|
| 1 | 1,0 |
| 2 | 2,0 |
| 3 | 3,0 |
| 4 | 4,0 |
| 5 | 5,0 |
| 6 | 6,0 |
| 7 | 7,0 |
| 8 | 8,0 |
| 9 | 9,0 |

| | 9 |
|---|---|
| 1 | 0,9 |
| 2 | 1,8 |
| 3 | 2,7 |
| 4 | 3,6 |
| 5 | 4,5 |
| 6 | 5,4 |
| 7 | 6,3 |
| 8 | 7,2 |
| 9 | 8,1 |

P. P.

| N. | L. | 0 | 1 | 2 | 3 | 4 | 5 | 6 | 7 | 8 | 9 |
|---|---|---|---|---|---|---|---|---|---|---|---|
| 450 | 65 | 321 | 331 | 341 | 350 | 360 | 369 | 379 | 389 | 398 | 408 |
| 451 | | 418 | 427 | 437 | 447 | 456 | 466 | 475 | 485 | 495 | 504 |
| 452 | | 514 | 523 | 533 | 543 | 552 | 562 | 571 | 581 | 591 | 600 |
| 453 | | 610 | 619 | 629 | 639 | 648 | 658 | 667 | 677 | 686 | 696 |
| 454 | | 706 | 715 | 725 | 734 | 744 | 753 | 763 | 772 | 782 | 792 |
| 455 | | 801 | 811 | 820 | 830 | 839 | 849 | 858 | 868 | 877 | 887 |
| 456 | | 896 | 906 | 916 | 925 | 935 | 944 | 954 | 963 | 973 | 982 |
| 457 | | 992 | *001 | *011 | *020 | *030 | *039 | *049 | *058 | *068 | *077 |
| 458 | 66 | 087 | 096 | 106 | 115 | 124 | 134 | 143 | 153 | 162 | 172 |
| 459 | | 181 | 191 | 200 | 210 | 219 | 229 | 238 | 247 | 257 | 266 |
| 460 | | 276 | 285 | 295 | 304 | 314 | 323 | 332 | 342 | 351 | 361 |
| 461 | | 370 | 380 | 389 | 398 | 408 | 417 | 427 | 436 | 445 | 455 |
| 462 | | 464 | 474 | 483 | 492 | 502 | 511 | 521 | 530 | 539 | 549 |
| 463 | | 558 | 567 | 577 | 586 | 596 | 605 | 614 | 624 | 633 | 642 |
| 464 | | 652 | 661 | 671 | 680 | 689 | 699 | 708 | 717 | 727 | 736 |
| 465 | | 745 | 755 | 764 | 773 | 783 | 792 | 801 | 811 | 820 | 829 |
| 466 | | 839 | 848 | 857 | 867 | 876 | 885 | 894 | 904 | 913 | 922 |
| 467 | | 932 | 941 | 950 | 960 | 969 | 978 | 987 | 997 | *006 | *015 |
| 468 | 67 | 025 | 034 | 043 | 052 | 062 | 071 | 080 | 089 | 099 | 108 |
| 469 | | 117 | 127 | 136 | 145 | 154 | 164 | 173 | 182 | 191 | 201 |
| 470 | | 210 | 219 | 228 | 237 | 247 | 256 | 265 | 274 | 284 | 293 |
| 471 | | 302 | 311 | 321 | 330 | 339 | 348 | 357 | 367 | 376 | 385 |
| 472 | | 394 | 403 | 413 | 422 | 431 | 440 | 449 | 459 | 468 | 477 |
| 473 | | 486 | 495 | 504 | 514 | 523 | 532 | 541 | 550 | 560 | 569 |
| 474 | | 578 | 587 | 596 | 605 | 614 | 624 | 633 | 642 | 651 | 660 |
| 475 | | 669 | 679 | 688 | 697 | 706 | 715 | 724 | 733 | 742 | 752 |
| 476 | | 761 | 770 | 779 | 788 | 797 | 806 | 815 | 825 | 834 | 843 |
| 477 | | 852 | 861 | 870 | 879 | 888 | 897 | 906 | 916 | 925 | 934 |
| 478 | | 943 | 952 | 961 | 970 | 979 | 988 | 997 | *006 | *015 | *024 |
| 479 | 68 | 034 | 043 | 052 | 061 | 070 | 079 | 088 | 097 | 106 | 115 |
| 480 | | 124 | 133 | 142 | 151 | 160 | 169 | 178 | 187 | 196 | 205 |
| 481 | | 215 | 224 | 233 | 242 | 251 | 260 | 269 | 278 | 287 | 296 |
| 482 | | 305 | 314 | 323 | 332 | 341 | 350 | 359 | 368 | 377 | 386 |
| 483 | | 395 | 404 | 413 | 422 | 431 | 440 | 449 | 458 | 467 | 476 |
| 484 | | 485 | 494 | 502 | 511 | 520 | 529 | 538 | 547 | 556 | 565 |
| N. | L. 0 | | 1 | 2 | 3 | 4 | 5 | 6 | 7 | 8 | 9 |

P. P.

| | 10 |
|---|---|
| 1 | 1,0 |
| 2 | 2,0 |
| 3 | 3,0 |
| 4 | 4,0 |
| 5 | 5,0 |
| 6 | 6,0 |
| 7 | 7,0 |
| 8 | 8,0 |
| 9 | 9,0 |

| | 9 |
|---|---|
| 1 | 0,9 |
| 2 | 1,8 |
| 3 | 2,7 |
| 4 | 3,6 |
| 5 | 4,5 |
| 6 | 5,4 |
| 7 | 6,3 |
| 8 | 7,2 |
| 9 | 8,1 |

P. P.

| N. | L. 0 | 1 | 2 | 3 | 4 | 5 | 6 | 7 | 8 | 9 | P. P. |
|---|---|---|---|---|---|---|---|---|---|---|---|
| 485 | 68 574 | 583 | 592 | 601 | 610 | 619 | 628 | 637 | 646 | 655 | |
| 486 | 664 | 673 | 681 | 690 | 699 | 708 | 717 | 726 | 735 | 744 | |
| 487 | 753 | 762 | 771 | 780 | 789 | 797 | 806 | 815 | 824 | 833 | |
| 488 | 842 | 851 | 860 | 869 | 878 | 886 | 895 | 904 | 913 | 922 | |
| 489 | 931 | 940 | 949 | 958 | 966 | 975 | 984 | 993 | *002 | *011 | |
| 490 | 69 020 | 028 | 037 | 046 | 055 | 064 | 073 | 082 | 090 | 099 | |
| 491 | 108 | 117 | 126 | 135 | 144 | 152 | 161 | 170 | 179 | 188 | 9 |
| 492 | 197 | 205 | 214 | 223 | 232 | 241 | 249 | 258 | 267 | 276 | 1 \| 0,9 |
| 493 | 285 | 294 | 302 | 311 | 320 | 329 | 338 | 346 | 355 | 364 | 2 \| 1,8 |
| 494 | 373 | 381 | 390 | 399 | 408 | 417 | 425 | 434 | 443 | 452 | 3 \| 2,7 |
| 495 | 461 | 469 | 478 | 487 | 496 | 504 | 513 | 522 | 531 | 539 | 4 \| 3,6 |
| 496 | 548 | 557 | 566 | 574 | 583 | 592 | 601 | 609 | 618 | 627 | 5 \| 4,5 |
| 497 | 636 | 644 | 653 | 662 | 671 | 679 | 688 | 697 | 705 | 714 | 6 \| 5,4 |
| 498 | 723 | 732 | 740 | 749 | 758 | 767 | 775 | 784 | 793 | 801 | 7 \| 6,3 |
| 499 | 810 | 819 | 827 | 836 | 845 | 854 | 862 | 871 | 880 | 888 | 8 \| 7,2 |
| 500 | 897 | 906 | 914 | 923 | 932 | 940 | 949 | 958 | 966 | 975 | 9 \| 8,1 |
| 501 | 984 | 992 | *001 | *010 | *018 | *027 | *036 | *044 | *053 | *062 | |
| 502 | 70 070 | 079 | 088 | 096 | 105 | 114 | 122 | 131 | 140 | 148 | |
| 503 | 157 | 165 | 174 | 183 | 191 | 200 | 209 | 217 | 226 | 234 | |
| 504 | 243 | 252 | 260 | 269 | 278 | 286 | 295 | 303 | 312 | 321 | |
| 505 | 329 | 338 | 346 | 355 | 364 | 372 | 381 | 389 | 398 | 406 | 8 |
| 506 | 415 | 424 | 432 | 441 | 449 | 458 | 467 | 475 | 484 | 492 | 1 \| 0,8 |
| 507 | 501 | 509 | 518 | 526 | 535 | 544 | 552 | 561 | 569 | 578 | 2 \| 1,6 |
| 508 | 586 | 595 | 603 | 612 | 621 | 629 | 638 | 646 | 655 | 663 | 3 \| 2,4 |
| 509 | 672 | 680 | 689 | 697 | 706 | 714 | 723 | 731 | 740 | 749 | 4 \| 3,2 |
| 510 | 757 | 766 | 774 | 783 | 791 | 800 | 808 | 817 | 825 | 834 | 5 \| 4,0 |
| 511 | 842 | 851 | 859 | 868 | 876 | 885 | 893 | 902 | 910 | 919 | 6 \| 4,8 |
| 512 | 927 | 935 | 944 | 952 | 961 | 969 | 978 | 986 | 995 | *003 | 7 \| 5,6 |
| 513 | 71 012 | 020 | 029 | 037 | 046 | 054 | 063 | 071 | 079 | 088 | 8 \| 6,4 |
| 514 | 096 | 105 | 113 | 122 | 130 | 139 | 147 | 155 | 164 | 172 | 9 \| 7,2 |
| 515 | 181 | 189 | 198 | 206 | 214 | 223 | 231 | 240 | 248 | 257 | |
| 516 | 265 | 273 | 282 | 290 | 299 | 307 | 315 | 324 | 332 | 341 | |
| 517 | 349 | 357 | 366 | 374 | 383 | 391 | 399 | 408 | 416 | 425 | |
| 518 | 433 | 441 | 450 | 458 | 466 | 475 | 483 | 492 | 500 | 508 | |
| 519 | 517 | 525 | 533 | 542 | 550 | 559 | 567 | 575 | 584 | 592 | |
| N. | L. 0 | 1 | 2 | 3 | 4 | 5 | 6 | 7 | 8 | 9 | P. P. |

| N. | L. 0 | 1 | 2 | 3 | 4 | 5 | 6 | 7 | 8 | 9 |
|---|---|---|---|---|---|---|---|---|---|---|
| 520 | 71 600 | 609 | 617 | 625 | 634 | 642 | 650 | 659 | 667 | 675 |
| 521 | 684 | 692 | 700 | 709 | 717 | 725 | 734 | 742 | 750 | 759 |
| 522 | 767 | 775 | 784 | 792 | 800 | 809 | 817 | 825 | 834 | 842 |
| 523 | 850 | 858 | 867 | 875 | 883 | 892 | 900 | 908 | 917 | 925 |
| 524 | 933 | 941 | 950 | 958 | 966 | 975 | 983 | 991 | 999 | *008 |
| 525 | 72 016 | 024 | 032 | 041 | 049 | 057 | 066 | 074 | 082 | 090 |
| 526 | 099 | 107 | 115 | 123 | 132 | 140 | 148 | 156 | 165 | 173 |
| 527 | 181 | 189 | 198 | 206 | 214 | 222 | 230 | 239 | 247 | 255 |
| 528 | 263 | 272 | 280 | 288 | 296 | 304 | 313 | 321 | 329 | 337 |
| 529 | 346 | 354 | 362 | 370 | 378 | 387 | 395 | 403 | 411 | 419 |
| 530 | 428 | 436 | 444 | 452 | 460 | 469 | 477 | 485 | 493 | 501 |
| 531 | 509 | 518 | 526 | 534 | 542 | 550 | 558 | 567 | 575 | 583 |
| 532 | 591 | 599 | 607 | 616 | 624 | 632 | 640 | 648 | 656 | 665 |
| 533 | 673 | 681 | 689 | 697 | 705 | 713 | 722 | 730 | 738 | 746 |
| 534 | 754 | 762 | 770 | 779 | 787 | 795 | 803 | 811 | 819 | 827 |
| 535 | 835 | 843 | 852 | 860 | 868 | 876 | 884 | 892 | 900 | 908 |
| 536 | 916 | 925 | 933 | 941 | 949 | 957 | 965 | 973 | 981 | 989 |
| 537 | 997 | *006 | *014 | *022 | *030 | *038 | *046 | *054 | *062 | *070 |
| 538 | 73 078 | 086 | 094 | 102 | 111 | 119 | 127 | 135 | 143 | 151 |
| 539 | 159 | 167 | 175 | 183 | 191 | 199 | 207 | 215 | 223 | 231 |
| 540 | 239 | 247 | 255 | 263 | 272 | 280 | 288 | 296 | 304 | 312 |
| 541 | 320 | 328 | 336 | 344 | 352 | 360 | 368 | 376 | 384 | 392 |
| 542 | 400 | 408 | 416 | 424 | 432 | 440 | 448 | 456 | 464 | 472 |
| 543 | 480 | 488 | 496 | 504 | 512 | 520 | 528 | 536 | 544 | 552 |
| 544 | 560 | 568 | 576 | 584 | 592 | 600 | 608 | 616 | 624 | 632 |
| 545 | 640 | 648 | 656 | 664 | 672 | 679 | 687 | 695 | 703 | 711 |
| 546 | 719 | 727 | 735 | 743 | 751 | 759 | 767 | 775 | 783 | 791 |
| 547 | 799 | 807 | 815 | 823 | 830 | 838 | 846 | 854 | 862 | 870 |
| 548 | 878 | 886 | 894 | 902 | 910 | 918 | 926 | 933 | 941 | 949 |
| 549 | 957 | 965 | 973 | 981 | 989 | 997 | *005 | *013 | *020 | *028 |
| 550 | 74 036 | 044 | 052 | 060 | 068 | 076 | 084 | 092 | 099 | 107 |
| 551 | 115 | 123 | 131 | 139 | 147 | 155 | 162 | 170 | 178 | 186 |
| 552 | 194 | 202 | 210 | 218 | 225 | 233 | 241 | 249 | 257 | 265 |
| 553 | 273 | 280 | 288 | 296 | 304 | 312 | 320 | 327 | 335 | 343 |
| 554 | 351 | 359 | 367 | 374 | 382 | 390 | 398 | 406 | 414 | 421 |
| N. | L. 0 | 1 | 2 | 3 | 4 | 5 | 6 | 7 | 8 | 9 |

P. P.

| | 9 |
|---|---|
| 1 | 0,9 |
| 2 | 1,8 |
| 3 | 2,7 |
| 4 | 3,6 |
| 5 | 4,5 |
| 6 | 5,4 |
| 7 | 6,3 |
| 8 | 7,2 |
| 9 | 8,1 |

| | 8 |
|---|---|
| 1 | 0,8 |
| 2 | 1,6 |
| 3 | 2,4 |
| 4 | 3,2 |
| 5 | 4,0 |
| 6 | 4,8 |
| 7 | 5,6 |
| 8 | 6,4 |
| 9 | 7,2 |

P. P.

| N. | L. 0 | 1 | 2 | 3 | 4 | 5 | 6 | 7 | 8 | 9 |
|---|---|---|---|---|---|---|---|---|---|---|
| 555 | 74 429 | 437 | 445 | 453 | 461 | 468 | 476 | 484 | 492 | 500 |
| 556 | 507 | 515 | 523 | 531 | 539 | 547 | 554 | 562 | 570 | 578 |
| 557 | 586 | 593 | 601 | 609 | 617 | 624 | 632 | 640 | 648 | 656 |
| 558 | 663 | 671 | 679 | 687 | 695 | 702 | 710 | 718 | 726 | 733 |
| 559 | 741 | 749 | 757 | 764 | 772 | 780 | 788 | 796 | 803 | 811 |
| 560 | 819 | 827 | 834 | 842 | 850 | 858 | 865 | 873 | 881 | 889 |
| 561 | 896 | 904 | 912 | 920 | 927 | 935 | 943 | 950 | 958 | 966 |
| 562 | 974 | 981 | 989 | 997 | *005 | *012 | *020 | *028 | *035 | *043 |
| 563 | 75 051 | 059 | 066 | 074 | 082 | 089 | 097 | 105 | 113 | 120 |
| 564 | 128 | 136 | 143 | 151 | 159 | 166 | 174 | 182 | 189 | 197 |
| 565 | 205 | 213 | 220 | 228 | 236 | 243 | 251 | 259 | 266 | 274 |
| 566 | 282 | 289 | 297 | 305 | 312 | 320 | 328 | 335 | 343 | 351 |
| 567 | 358 | 366 | 374 | 381 | 389 | 397 | 404 | 412 | 420 | 427 |
| 568 | 435 | 442 | 450 | 458 | 465 | 473 | 481 | 488 | 496 | 504 |
| 569 | 511 | 519 | 526 | 534 | 542 | 549 | 557 | 565 | 572 | 580 |
| 570 | 587 | 595 | 603 | 610 | 618 | 626 | 633 | 641 | 648 | 656 |
| 571 | 664 | 671 | 679 | 686 | 694 | 702 | 709 | 717 | 724 | 732 |
| 572 | 740 | 747 | 755 | 762 | 770 | 778 | 785 | 793 | 800 | 808 |
| 573 | 815 | 823 | 831 | 838 | 846 | 853 | 861 | 868 | 876 | 884 |
| 574 | 891 | 899 | 906 | 914 | 921 | 929 | 937 | 944 | 952 | 959 |
| 575 | 967 | 974 | 982 | 989 | 997 | *005 | *012 | *020 | *027 | *035 |
| 576 | 76 042 | 050 | 057 | 065 | 072 | 080 | 087 | 095 | 103 | 110 |
| 577 | 118 | 125 | 133 | 140 | 148 | 155 | 163 | 170 | 178 | 185 |
| 578 | 193 | 200 | 208 | 215 | 223 | 230 | 238 | 245 | 253 | 260 |
| 579 | 268 | 275 | 283 | 290 | 298 | 305 | 313 | 320 | 328 | 335 |
| 580 | 343 | 350 | 358 | 365 | 373 | 380 | 388 | 395 | 403 | 410 |
| 581 | 418 | 425 | 433 | 440 | 448 | 455 | 462 | 470 | 477 | 485 |
| 582 | 492 | 500 | 507 | 515 | 522 | 530 | 537 | 545 | 552 | 559 |
| 583 | 567 | 574 | 582 | 589 | 597 | 604 | 612 | 619 | 626 | 634 |
| 584 | 641 | 649 | 656 | 664 | 671 | 678 | 686 | 693 | 701 | 708 |
| 585 | 716 | 723 | 730 | 738 | 745 | 753 | 760 | 768 | 775 | 782 |
| 586 | 790 | 797 | 805 | 812 | 819 | 827 | 834 | 842 | 849 | 856 |
| 587 | 864 | 871 | 879 | 886 | 893 | 901 | 908 | 916 | 923 | 930 |
| 588 | 938 | 945 | 953 | 960 | 967 | 975 | 982 | 989 | 997 | *004 |
| 589 | 77 012 | 019 | 026 | 034 | 041 | 048 | 056 | 063 | 070 | 078 |
| N. | L. 0 | 1 | 2 | 3 | 4 | 5 | 6 | 7 | 8 | 9 |

P. P.

| | 8 |
|---|---|
| 1 | 0,8 |
| 2 | 1,6 |
| 3 | 2,4 |
| 4 | 3,2 |
| 5 | 4,0 |
| 6 | 4,8 |
| 7 | 5,6 |
| 8 | 6,4 |
| 9 | 7,2 |

| | 7 |
|---|---|
| 1 | 0,7 |
| 2 | 1,4 |
| 3 | 2,1 |
| 4 | 2,8 |
| 5 | 3,5 |
| 6 | 4,2 |
| 7 | 4,9 |
| 8 | 5,6 |
| 9 | 6,3 |

P. P.

| N. | L. 0 | 1 | 2 | 3 | 4 | 5 | 6 | 7 | 8 | 9 |
|---|---|---|---|---|---|---|---|---|---|---|
| 590 | 77 085 | 093 | 100 | 107 | 115 | 122 | 129 | 137 | 144 | 151 |
| 591 | 159 | 166 | 173 | 181 | 188 | 195 | 203 | 210 | 217 | 225 |
| 592 | 232 | 240 | 247 | 254 | 262 | 269 | 276 | 283 | 291 | 298 |
| 593 | 305 | 313 | 320 | 327 | 335 | 342 | 349 | 357 | 364 | 371 |
| 594 | 379 | 386 | 393 | 401 | 408 | 415 | 422 | 430 | 437 | 444 |
| 595 | 452 | 459 | 466 | 474 | 481 | 488 | 495 | 503 | 510 | 517 |
| 596 | 525 | 532 | 539 | 546 | 554 | 561 | 568 | 576 | 583 | 590 |
| 597 | 597 | 605 | 612 | 619 | 627 | 634 | 641 | 648 | 656 | 663 |
| 598 | 670 | 677 | 685 | 692 | 699 | 706 | 714 | 721 | 728 | 735 |
| 599 | 743 | 750 | 757 | 764 | 772 | 779 | 786 | 793 | 801 | 808 |
| 600 | 815 | 822 | 830 | 837 | 844 | 851 | 859 | 866 | 873 | 880 |
| 601 | 887 | 895 | 902 | 909 | 916 | 924 | 931 | 938 | 945 | 952 |
| 602 | 960 | 967 | 974 | 981 | 988 | 996 | *003 | *010 | *017 | *025 |
| 603 | 78 032 | 039 | 046 | 053 | 061 | 068 | 075 | 082 | 089 | 097 |
| 604 | 104 | 111 | 118 | 125 | 132 | 140 | 147 | 154 | 161 | 168 |
| 605 | 176 | 183 | 190 | 197 | 204 | 211 | 219 | 226 | 233 | 240 |
| 606 | 247 | 254 | 262 | 269 | 276 | 283 | 290 | 297 | 305 | 312 |
| 607 | 319 | 326 | 333 | 340 | 347 | 355 | 362 | 369 | 376 | 383 |
| 608 | 390 | 398 | 405 | 412 | 419 | 426 | 433 | 440 | 447 | 455 |
| 609 | 462 | 469 | 476 | 483 | 490 | 497 | 504 | 512 | 519 | 526 |
| 610 | 533 | 540 | 547 | 554 | 561 | 569 | 576 | 583 | 590 | 597 |
| 611 | 604 | 611 | 618 | 625 | 633 | 640 | 647 | 654 | 661 | 668 |
| 612 | 675 | 682 | 689 | 696 | 704 | 711 | 718 | 725 | 732 | 739 |
| 613 | 746 | 753 | 760 | 767 | 774 | 781 | 789 | 796 | 803 | 810 |
| 614 | 817 | 824 | 831 | 838 | 845 | 852 | 859 | 866 | 873 | 880 |
| 615 | 888 | 895 | 902 | 909 | 916 | 923 | 930 | 937 | 944 | 951 |
| 616 | 958 | 965 | 972 | 979 | 986 | 993 | *000 | *007 | *014 | *021 |
| 617 | 79 029 | 036 | 043 | 050 | 057 | 064 | 071 | 078 | 085 | 092 |
| 618 | 099 | 106 | 113 | 120 | 127 | 134 | 141 | 148 | 155 | 162 |
| 619 | 169 | 176 | 183 | 190 | 197 | 204 | 211 | 218 | 225 | 232 |
| 620 | 239 | 246 | 253 | 260 | 267 | 274 | 281 | 288 | 295 | 302 |
| 621 | 309 | 316 | 323 | 330 | 337 | 344 | 351 | 358 | 365 | 372 |
| 622 | 379 | 386 | 393 | 400 | 407 | 414 | 421 | 428 | 435 | 442 |
| 623 | 449 | 456 | 463 | 470 | 477 | 484 | 491 | 498 | 505 | 511 |
| 624 | 518 | 525 | 532 | 539 | 546 | 553 | 560 | 567 | 574 | 581 |
| N. | L. 0 | 1 | 2 | 3 | 4 | 5 | 6 | 7 | 8 | 9 |

P. P.

| | 8 |
|---|---|
| 1 | 0,8 |
| 2 | 1,6 |
| 3 | 2,4 |
| 4 | 3,2 |
| 5 | 4,0 |
| 6 | 4,8 |
| 7 | 5,6 |
| 8 | 6,4 |
| 9 | 7,2 |

| | 7 |
|---|---|
| 1 | 0,7 |
| 2 | 1,4 |
| 3 | 2,1 |
| 4 | 2,8 |
| 5 | 3,5 |
| 6 | 4,2 |
| 7 | 4,9 |
| 8 | 5,6 |
| 9 | 6,3 |

P. P.

| N. | L. | 0 | 1 | 2 | 3 | 4 | 5 | 6 | 7 | 8 | 9 | P. P. |
|---|---|---|---|---|---|---|---|---|---|---|---|---|
| 625 | 79 | 588 | 595 | 602 | 609 | 616 | 623 | 630 | 637 | 644 | 650 | |
| 626 | | 657 | 664 | 671 | 678 | 685 | 692 | 699 | 706 | 713 | 720 | |
| 627 | | 727 | 734 | 741 | 748 | 754 | 761 | 768 | 775 | 782 | 789 | |
| 628 | | 796 | 803 | 810 | 817 | 824 | 831 | 837 | 844 | 851 | 858 | |
| 629 | | 865 | 872 | 879 | 886 | 893 | 900 | 906 | 913 | 920 | 927 | |
| 630 | | 934 | 941 | 948 | 955 | 962 | 969 | 975 | 982 | 989 | 996 | |
| 631 | 80 | 003 | 010 | 017 | 024 | 030 | 037 | 044 | 051 | 058 | 065 | **7** |
| 632 | | 072 | 079 | 085 | 092 | 099 | 106 | 113 | 120 | 127 | 134 | 1 \| 0,7 |
| 633 | | 140 | 147 | 154 | 161 | 168 | 175 | 182 | 188 | 195 | 202 | 2 \| 1,4 |
| 634 | | 209 | 216 | 223 | 229 | 236 | 243 | 250 | 257 | 264 | 271 | 3 \| 2,1 |
| 635 | | 277 | 284 | 291 | 298 | 305 | 312 | 318 | 325 | 332 | 339 | 4 \| 2,8 |
| 636 | | 346 | 353 | 359 | 366 | 373 | 380 | 387 | 393 | 400 | 407 | 5 \| 3,5 |
| 637 | | 414 | 421 | 428 | 434 | 441 | 448 | 455 | 462 | 468 | 475 | 6 \| 4,2 |
| 638 | | 482 | 489 | 496 | 502 | 509 | 516 | 523 | 530 | 536 | 543 | 7 \| 4,9 |
| 639 | | 550 | 557 | 564 | 570 | 577 | 584 | 591 | 598 | 604 | 611 | 8 \| 5,6 |
| 640 | | 618 | 625 | 632 | 638 | 645 | 652 | 659 | 665 | 672 | 679 | 9 \| 6,3 |
| 641 | | 686 | 693 | 699 | 706 | 713 | 720 | 726 | 733 | 740 | 747 | |
| 642 | | 754 | 760 | 767 | 774 | 781 | 787 | 794 | 801 | 808 | 814 | |
| 643 | | 821 | 828 | 835 | 841 | 848 | 855 | 862 | 868 | 875 | 882 | |
| 644 | | 889 | 895 | 902 | 909 | 916 | 922 | 929 | 936 | 943 | 949 | |
| 645 | | 956 | 963 | 969 | 976 | 983 | 990 | 996 | *003 | *010 | *017 | |
| 646 | 81 | 023 | 030 | 037 | 043 | 050 | 057 | 064 | 070 | 077 | 084 | **6** |
| 647 | | 090 | 097 | 104 | 111 | 117 | 124 | 131 | 137 | 144 | 151 | 1 \| 0,6 |
| 648 | | 158 | 164 | 171 | 178 | 184 | 191 | 198 | 204 | 211 | 218 | 2 \| 1,2 |
| 649 | | 224 | 231 | 238 | 245 | 251 | 258 | 265 | 271 | 278 | 285 | 3 \| 1,8 |
| 650 | | 291 | 298 | 305 | 311 | 318 | 325 | 331 | 338 | 345 | 351 | 4 \| 2,4 |
| 651 | | 358 | 365 | 371 | 378 | 385 | 391 | 398 | 405 | 411 | 418 | 5 \| 3,0 |
| 652 | | 425 | 431 | 438 | 445 | 451 | 458 | 465 | 471 | 478 | 485 | 6 \| 3,6 |
| 653 | | 491 | 498 | 505 | 511 | 518 | 525 | 531 | 538 | 544 | 551 | 7 \| 4,2 |
| 654 | | 558 | 564 | 571 | 578 | 584 | 591 | 598 | 604 | 611 | 617 | 8 \| 4,8 |
| 655 | | 624 | 631 | 637 | 644 | 651 | 657 | 664 | 671 | 677 | 684 | 9 \| 5,4 |
| 656 | | 690 | 697 | 704 | 710 | 717 | 723 | 730 | 737 | 743 | 750 | |
| 657 | | 757 | 763 | 770 | 776 | 783 | 790 | 796 | 803 | 809 | 816 | |
| 658 | | 823 | 829 | 836 | 842 | 849 | 856 | 862 | 869 | 875 | 882 | |
| 659 | | 889 | 895 | 902 | 908 | 915 | 921 | 928 | 935 | 941 | 948 | |
| N. | L. | 0 | 1 | 2 | 3 | 4 | 5 | 6 | 7 | 8 | 9 | P. P. |

| N. | L. 0 | 1 | 2 | 3 | 4 | 5 | 6 | 7 | 8 | 9 | P. P. |
|---|---|---|---|---|---|---|---|---|---|---|---|
| 660 | 81 954 | 961 | 968 | 974 | 981 | 987 | 994 | *000 | *007 | *014 | |
| 661 | 82 020 | 027 | 033 | 040 | 046 | 053 | 060 | 066 | 073 | 079 | |
| 662 | 086 | 092 | 099 | 105 | 112 | 119 | 125 | 132 | 138 | 145 | |
| 663 | 151 | 158 | 164 | 171 | 178 | 184 | 191 | 197 | 204 | 210 | |
| 664 | 217 | 223 | 230 | 236 | 243 | 249 | 256 | 263 | 269 | 276 | |
| 665 | 282 | 289 | 295 | 302 | 308 | 315 | 321 | 328 | 334 | 341 | |
| 666 | 347 | 354 | 360 | 367 | 373 | 380 | 387 | 393 | 400 | 406 | 7 |
| 667 | 413 | 419 | 426 | 432 | 439 | 445 | 452 | 458 | 465 | 471 | 1 \| 0,7 |
| 668 | 478 | 484 | 491 | 497 | 504 | 510 | 517 | 523 | 530 | 536 | 2 \| 1,4 |
| 669 | 543 | 549 | 556 | 562 | 569 | 575 | 582 | 588 | 595 | 601 | 3 \| 2,1 |
| 670 | 607 | 614 | 620 | 627 | 633 | 640 | 646 | 653 | 659 | 666 | 4 \| 2,8 |
| 671 | 672 | 679 | 685 | 692 | 698 | 705 | 711 | 718 | 724 | 730 | 5 \| 3,5<br>6 \| 4,2 |
| 672 | 737 | 743 | 750 | 756 | 763 | 769 | 776 | 782 | 789 | 795 | 7 \| 4,9 |
| 673 | 802 | 808 | 814 | 821 | 827 | 834 | 840 | 847 | 853 | 860 | 8 \| 5,6 |
| 674 | 866 | 872 | 879 | 885 | 892 | 898 | 905 | 911 | 918 | 924 | 9 \| 6,3 |
| 675 | 930 | 937 | 943 | 950 | 956 | 963 | 969 | 975 | 982 | 988 | |
| 676 | 995 | *001 | *008 | *014 | *020 | *027 | *033 | *040 | *046 | *052 | |
| 677 | 83 059 | 065 | 072 | 078 | 085 | 091 | 097 | 104 | 110 | 117 | |
| 678 | 123 | 129 | 136 | 142 | 149 | 155 | 161 | 168 | 174 | 181 | |
| 679 | 187 | 193 | 200 | 206 | 213 | 219 | 225 | 232 | 238 | 245 | |
| 680 | 251 | 257 | 264 | 270 | 276 | 283 | 289 | 296 | 302 | 308 | |
| 681 | 315 | 321 | 327 | 334 | 340 | 347 | 353 | 359 | 366 | 372 | 6 |
| 682 | 378 | 385 | 391 | 398 | 404 | 410 | 417 | 423 | 429 | 436 | 1 \| 0,6 |
| 683 | 442 | 448 | 455 | 461 | 467 | 474 | 480 | 487 | 493 | 499 | 2 \| 1,2 |
| 684 | 506 | 512 | 518 | 525 | 531 | 537 | 544 | 550 | 556 | 563 | 3 \| 1,8<br>4 \| 2,4 |
| 685 | 569 | 575 | 582 | 588 | 594 | 601 | 607 | 613 | 620 | 626 | 5 \| 3,0 |
| 686 | 632 | 639 | 645 | 651 | 658 | 664 | 670 | 677 | 683 | 689 | 6 \| 3,6 |
| 687 | 696 | 702 | 708 | 715 | 721 | 727 | 734 | 740 | 746 | 753 | 7 \| 4,2 |
| 688 | 759 | 765 | 771 | 778 | 784 | 790 | 797 | 803 | 809 | 816 | 8 \| 4,8<br>9 \| 5,4 |
| 689 | 822 | 828 | 835 | 841 | 847 | 853 | 860 | 866 | 872 | 879 | |
| 690 | 885 | 891 | 897 | 904 | 910 | 916 | 923 | 929 | 935 | 942 | |
| 691 | 948 | 954 | 960 | 967 | 973 | 979 | 985 | 992 | 998 | *004 | |
| 692 | 84 011 | 017 | 023 | 029 | 036 | 042 | 048 | 055 | 061 | 067 | |
| 693 | 073 | 080 | 086 | 092 | 098 | 105 | 111 | 117 | 123 | 130 | |
| 694 | 136 | 142 | 148 | 155 | 161 | 167 | 173 | 180 | 186 | 192 | |
| N. | L. 0 | 1 | 2 | 3 | 4 | 5 | 6 | 7 | 8 | 9 | P. P. |

| N. | L. 0 | 1 | 2 | 3 | 4 | 5 | 6 | 7 | 8 | 9 |
|---|---|---|---|---|---|---|---|---|---|---|
| 695 | 84 198 | 205 | 211 | 217 | 223 | 230 | 236 | 242 | 248 | 255 |
| 696 | 261 | 267 | 273 | 280 | 286 | 292 | 298 | 305 | 311 | 317 |
| 697 | 323 | 330 | 336 | 342 | 348 | 354 | 361 | 367 | 373 | 379 |
| 698 | 386 | 392 | 398 | 404 | 410 | 417 | 423 | 429 | 435 | 442 |
| 699 | 448 | 454 | 460 | 466 | 473 | 479 | 485 | 491 | 497 | 504 |
| 700 | 510 | 516 | 522 | 528 | 535 | 541 | 547 | 553 | 559 | 566 |
| 701 | 572 | 578 | 584 | 590 | 597 | 603 | 609 | 615 | 621 | 628 |
| 702 | 634 | 640 | 646 | 652 | 658 | 665 | 671 | 677 | 683 | 689 |
| 703 | 696 | 702 | 708 | 714 | 720 | 726 | 733 | 739 | 745 | 751 |
| 704 | 757 | 763 | 770 | 776 | 782 | 788 | 794 | 800 | 807 | 813 |
| 705 | 819 | 825 | 831 | 837 | 844 | 850 | 856 | 862 | 868 | 874 |
| 706 | 880 | 887 | 893 | 899 | 905 | 911 | 917 | 924 | 930 | 936 |
| 707 | 942 | 948 | 954 | 960 | 967 | 973 | 979 | 985 | 991 | 997 |
| 708 | 85 003 | 009 | 016 | 022 | 028 | 034 | 040 | 046 | 052 | 058 |
| 709 | 065 | 071 | 077 | 083 | 089 | 095 | 101 | 107 | 114 | 120 |
| 710 | 126 | 132 | 138 | 144 | 150 | 156 | 163 | 169 | 175 | 181 |
| 711 | 187 | 193 | 199 | 205 | 211 | 217 | 224 | 230 | 236 | 242 |
| 712 | 248 | 254 | 260 | 266 | 272 | 278 | 285 | 291 | 297 | 303 |
| 713 | 309 | 315 | 321 | 327 | 333 | 339 | 345 | 352 | 358 | 364 |
| 714 | 370 | 376 | 382 | 388 | 394 | 400 | 406 | 412 | 418 | 425 |
| 715 | 431 | 437 | 443 | 449 | 455 | 461 | 467 | 473 | 479 | 485 |
| 716 | 491 | 497 | 503 | 509 | 516 | 522 | 528 | 534 | 540 | 546 |
| 717 | 552 | 558 | 564 | 570 | 576 | 582 | 588 | 594 | 600 | 606 |
| 718 | 612 | 618 | 625 | 631 | 637 | 643 | 649 | 655 | 661 | 667 |
| 719 | 673 | 679 | 685 | 691 | 697 | 703 | 709 | 715 | 721 | 727 |
| 720 | 733 | 739 | 745 | 751 | 757 | 763 | 769 | 775 | 781 | 788 |
| 721 | 794 | 800 | 806 | 812 | 818 | 824 | 830 | 836 | 842 | 848 |
| 722 | 854 | 860 | 866 | 872 | 878 | 884 | 890 | 896 | 902 | 908 |
| 723 | 914 | 920 | 926 | 932 | 938 | 944 | 950 | 956 | 962 | 968 |
| 724 | 974 | 980 | 986 | 992 | 998 | *004 | *010 | *016 | *022 | *028 |
| 725 | 86 034 | 040 | 046 | 052 | 058 | 064 | 070 | 076 | 082 | 088 |
| 726 | 094 | 100 | 106 | 112 | 118 | 124 | 130 | 136 | 141 | 147 |
| 727 | 153 | 159 | 165 | 171 | 177 | 183 | 189 | 195 | 201 | 207 |
| 728 | 213 | 219 | 225 | 231 | 237 | 243 | 249 | 255 | 261 | 267 |
| 729 | 273 | 279 | 285 | 291 | 297 | 303 | 308 | 314 | 320 | 326 |
| N. | L. 0 | 1 | 2 | 3 | 4 | 5 | 6 | 7 | 8 | 9 |

P. P.

| | 6 |
|---|---|
| 1 | 0,6 |
| 2 | 1,2 |
| 3 | 1,8 |
| 4 | 2,4 |
| 5 | 3,0 |
| 6 | 3,6 |
| 7 | 4,2 |
| 8 | 4,8 |
| 9 | 5,4 |

| | 5 |
|---|---|
| 1 | 0,5 |
| 2 | 1,0 |
| 3 | 1,5 |
| 4 | 2,0 |
| 5 | 2,5 |
| 6 | 3,0 |
| 7 | 3,5 |
| 8 | 4,0 |
| 9 | 4,5 |

P. P.

| N. | L. 0 | 1 | 2 | 3 | 4 | 5 | 6 | 7 | 8 | 9 |
|---|---|---|---|---|---|---|---|---|---|---|
| 730 | 86 332 | 338 | 344 | 350 | 356 | 362 | 368 | 374 | 380 | 386 |
| 731 | 392 | 398 | 404 | 410 | 415 | 421 | 427 | 433 | 439 | 445 |
| 732 | 451 | 457 | 463 | 469 | 475 | 481 | 487 | 493 | 499 | 504 |
| 733 | 510 | 516 | 522 | 528 | 534 | 540 | 546 | 552 | 558 | 564 |
| 734 | 570 | 576 | 581 | 587 | 593 | 599 | 605 | 611 | 617 | 623 |
| 735 | 629 | 635 | 641 | 646 | 652 | 658 | 664 | 670 | 676 | 682 |
| 736 | 688 | 694 | 700 | 705 | 711 | 717 | 723 | 729 | 735 | 741 |
| 737 | 747 | 753 | 759 | 764 | 770 | 776 | 782 | 788 | 794 | 800 |
| 738 | 806 | 812 | 817 | 823 | 829 | 835 | 841 | 847 | 853 | 859 |
| 739 | 864 | 870 | 876 | 882 | 888 | 894 | 900 | 906 | 911 | 917 |
| 740 | 923 | 929 | 935 | 941 | 947 | 953 | 958 | 964 | 970 | 976 |
| 741 | 982 | 988 | 994 | 999 | *005 | *011 | *017 | *023 | *029 | *035 |
| 742 | 87 040 | 046 | 052 | 058 | 064 | 070 | 075 | 081 | 087 | 093 |
| 743 | 099 | 105 | 111 | 116 | 122 | 128 | 134 | 140 | 146 | 151 |
| 744 | 157 | 163 | 169 | 175 | 181 | 186 | 192 | 198 | 204 | 210 |
| 745 | 216 | 221 | 227 | 233 | 239 | 245 | 251 | 256 | 262 | 268 |
| 746 | 274 | 280 | 286 | 291 | 297 | 303 | 309 | 315 | 320 | 326 |
| 747 | 332 | 338 | 344 | 349 | 355 | 361 | 367 | 373 | 379 | 384 |
| 748 | 390 | 396 | 402 | 408 | 413 | 419 | 425 | 431 | 437 | 442 |
| 749 | 448 | 454 | 460 | 466 | 471 | 477 | 483 | 489 | 495 | 500 |
| 750 | 506 | 512 | 518 | 523 | 529 | 535 | 541 | 547 | 552 | 558 |
| 751 | 564 | 570 | 576 | 581 | 587 | 593 | 599 | 604 | 610 | 616 |
| 752 | 622 | 628 | 633 | 639 | 645 | 651 | 656 | 662 | 668 | 674 |
| 753 | 679 | 685 | 691 | 697 | 703 | 708 | 714 | 720 | 726 | 731 |
| 754 | 737 | 743 | 749 | 754 | 760 | 766 | 772 | 777 | 783 | 789 |
| 755 | 795 | 800 | 806 | 812 | 818 | 823 | 829 | 835 | 841 | 846 |
| 756 | 852 | 858 | 864 | 869 | 875 | 881 | 887 | 892 | 898 | 904 |
| 757 | 910 | 915 | 921 | 927 | 933 | 938 | 944 | 950 | 955 | 961 |
| 758 | 967 | 973 | 978 | 984 | 990 | 996 | *001 | *007 | *013 | *018 |
| 759 | 88 024 | 030 | 036 | 041 | 047 | 053 | 058 | 064 | 070 | 076 |
| 760 | 081 | 087 | 093 | 098 | 104 | 110 | 116 | 121 | 127 | 133 |
| 761 | 138 | 144 | 150 | 156 | 161 | 167 | 173 | 178 | 184 | 190 |
| 762 | 195 | 201 | 207 | 213 | 218 | 224 | 230 | 235 | 241 | 247 |
| 763 | 252 | 258 | 264 | 270 | 275 | 281 | 287 | 292 | 298 | 304 |
| 764 | 309 | 315 | 321 | 326 | 332 | 338 | 343 | 349 | 355 | 360 |
| N. | L. 0 | 1 | 2 | 3 | 4 | 5 | 6 | 7 | 8 | 9 |

P. P.

| | 6 |
|---|---|
| 1 | 0,6 |
| 2 | 1,2 |
| 3 | 1,8 |
| 4 | 2,4 |
| 5 | 3,0 |
| 6 | 3,6 |
| 7 | 4,2 |
| 8 | 4,8 |
| 9 | 5,4 |

| | 5 |
|---|---|
| 1 | 0,5 |
| 2 | 1,0 |
| 3 | 1,5 |
| 4 | 2,0 |
| 5 | 2,5 |
| 6 | 3,0 |
| 7 | 3,5 |
| 8 | 4,0 |
| 9 | 4,5 |

P. P.

| N. | L. 0 | 1 | 2 | 3 | 4 | 5 | 6 | 7 | 8 | 9 | P. P. |
|---|---|---|---|---|---|---|---|---|---|---|---|
| 765 | 88 366 | 372 | 377 | 383 | 389 | 395 | 400 | 406 | 412 | 417 | |
| 766 | 423 | 429 | 434 | 440 | 446 | 451 | 457 | 463 | 468 | 474 | |
| 767 | 480 | 485 | 491 | 497 | 502 | 508 | 513 | 519 | 525 | 530 | |
| 768 | 536 | 542 | 547 | 553 | 559 | 564 | 570 | 576 | 581 | 587 | |
| 769 | 593 | 598 | 604 | 610 | 615 | 621 | 627 | 632 | 638 | 643 | |
| 770 | 649 | 655 | 660 | 666 | 672 | 677 | 683 | 689 | 694 | 700 | |
| 771 | 705 | 711 | 717 | 722 | 728 | 734 | 739 | 745 | 750 | 756 | 6 |
| 772 | 762 | 767 | 773 | 779 | 784 | 790 | 795 | 801 | 807 | 812 | 1 0,6 |
| 773 | 818 | 824 | 829 | 835 | 840 | 846 | 852 | 857 | 863 | 868 | 2 1,2 |
| 774 | 874 | 880 | 885 | 891 | 897 | 902 | 908 | 913 | 919 | 925 | 3 1,8 |
| 775 | 930 | 936 | 941 | 947 | 953 | 958 | 964 | 969 | 975 | 981 | 4 2,4 |
| 776 | 986 | 992 | 997 | *003 | *009 | *014 | *020 | *025 | *031 | *037 | 5 3,0 |
| 777 | 89 042 | 048 | 053 | 059 | 064 | 070 | 076 | 081 | 087 | 092 | 6 3,6 |
| 778 | 098 | 104 | 109 | 115 | 120 | 126 | 131 | 137 | 143 | 148 | 7 4,2 |
| 779 | 154 | 159 | 165 | 170 | 176 | 182 | 187 | 193 | 198 | 204 | 8 4,8 |
| 780 | 209 | 215 | 221 | 226 | 232 | 237 | 243 | 248 | 254 | 260 | 9 5,4 |
| 781 | 265 | 271 | 276 | 282 | 287 | 293 | 298 | 304 | 310 | 315 | |
| 782 | 321 | 326 | 332 | 337 | 343 | 348 | 354 | 360 | 365 | 371 | |
| 783 | 376 | 382 | 387 | 393 | 398 | 404 | 409 | 415 | 421 | 426 | |
| 784 | 432 | 437 | 443 | 448 | 454 | 459 | 465 | 470 | 476 | 481 | |
| 785 | 487 | 492 | 498 | 504 | 509 | 515 | 520 | 526 | 531 | 537 | |
| 786 | 542 | 548 | 553 | 559 | 564 | 570 | 575 | 581 | 586 | 592 | 5 |
| 787 | 597 | 603 | 609 | 614 | 620 | 625 | 631 | 636 | 642 | 647 | 1 0,5 |
| 788 | 653 | 658 | 664 | 669 | 675 | 680 | 686 | 691 | 697 | 702 | 2 1,0 |
| 789 | 708 | 713 | 719 | 724 | 730 | 735 | 741 | 746 | 752 | 757 | 3 1,5 |
| 790 | 763 | 768 | 774 | 779 | 785 | 790 | 796 | 801 | 807 | 812 | 4 2,0 |
| 791 | 818 | 823 | 829 | 834 | 840 | 845 | 851 | 856 | 862 | 867 | 5 2,5 |
| 792 | 873 | 878 | 883 | 889 | 894 | 900 | 905 | 911 | 916 | 922 | 6 3,0 |
| 793 | 927 | 933 | 938 | 944 | 949 | 955 | 960 | 966 | 971 | 977 | 7 3,5 |
| 794 | 982 | 988 | 993 | 998 | *004 | *009 | *015 | *020 | *026 | *031 | 8 4,0 |
| 795 | 90 037 | 042 | 048 | 053 | 059 | 064 | 069 | 075 | 080 | 086 | 9 4,5 |
| 796 | 091 | 097 | 102 | 108 | 113 | 119 | 124 | 129 | 135 | 140 | |
| 797 | 146 | 151 | 157 | 162 | 168 | 173 | 179 | 184 | 189 | 195 | |
| 798 | 200 | 206 | 211 | 217 | 222 | 227 | 233 | 238 | 244 | 249 | |
| 799 | 255 | 260 | 266 | 271 | 276 | 282 | 287 | 293 | 298 | 304 | |
| N. | L. 0 | 1 | 2 | 3 | 4 | 5 | 6 | 7 | 8 | 9 | P. P. |

| N. | L. 0 | 1 | 2 | 3 | 4 | 5 | 6 | 7 | 8 | 9 |
|---|---|---|---|---|---|---|---|---|---|---|
| 800 | 90 309 | 314 | 320 | 325 | 331 | 336 | 342 | 347 | 352 | 358 |
| 801 | 363 | 369 | 374 | 380 | 385 | 390 | 396 | 401 | 407 | 412 |
| 802 | 417 | 423 | 428 | 434 | 439 | 445 | 450 | 455 | 461 | 466 |
| 803 | 472 | 477 | 482 | 488 | 493 | 499 | 504 | 509 | 515 | 520 |
| 804 | 526 | 531 | 536 | 542 | 547 | 553 | 558 | 563 | 569 | 574 |
| 805 | 580 | 585 | 590 | 596 | 601 | 607 | 612 | 617 | 623 | 628 |
| 806 | 634 | 639 | 644 | 650 | 655 | 660 | 666 | 671 | 677 | 682 |
| 807 | 687 | 693 | 698 | 703 | 709 | 714 | 720 | 725 | 730 | 736 |
| 808 | 741 | 747 | 752 | 757 | 763 | 768 | 773 | 779 | 784 | 789 |
| 809 | 795 | 800 | 806 | 811 | 816 | 822 | 827 | 832 | 838 | 843 |
| 810 | 849 | 854 | 859 | 865 | 870 | 875 | 881 | 886 | 891 | 897 |
| 811 | 902 | 907 | 913 | 918 | 924 | 929 | 934 | 940 | 945 | 950 |
| 812 | 956 | 961 | 966 | 972 | 977 | 982 | 988 | 993 | 998 | *004 |
| 813 | 91 009 | 014 | 020 | 025 | 030 | 036 | 041 | 046 | 052 | 057 |
| 814 | 062 | 068 | 073 | 078 | 084 | 089 | 094 | 100 | 105 | 110 |
| 815 | 116 | 121 | 126 | 132 | 137 | 142 | 148 | 153 | 158 | 164 |
| 816 | 169 | 174 | 180 | 185 | 190 | 196 | 201 | 206 | 212 | 217 |
| 817 | 222 | 228 | 233 | 238 | 243 | 249 | 254 | 259 | 265 | 270 |
| 818 | 275 | 281 | 286 | 291 | 297 | 302 | 307 | 312 | 318 | 323 |
| 819 | 328 | 334 | 339 | 344 | 350 | 355 | 360 | 365 | 371 | 376 |
| 820 | 381 | 387 | 392 | 397 | 403 | 408 | 413 | 418 | 424 | 429 |
| 821 | 434 | 440 | 445 | 450 | 455 | 461 | 466 | 471 | 477 | 482 |
| 822 | 487 | 492 | 498 | 503 | 508 | 514 | 519 | 524 | 529 | 535 |
| 823 | 540 | 545 | 551 | 556 | 561 | 566 | 572 | 577 | 582 | 587 |
| 824 | 593 | 598 | 603 | 609 | 614 | 619 | 624 | 630 | 635 | 640 |
| 825 | 645 | 651 | 656 | 661 | 666 | 672 | 677 | 682 | 687 | 693 |
| 826 | 698 | 703 | 709 | 714 | 719 | 724 | 730 | 735 | 740 | 745 |
| 827 | 751 | 756 | 761 | 766 | 772 | 777 | 782 | 787 | 793 | 798 |
| 828 | 803 | 808 | 814 | 819 | 824 | 829 | 834 | 840 | 845 | 850 |
| 829 | 855 | 861 | 866 | 871 | 876 | 882 | 887 | 892 | 897 | 903 |
| 830 | 908 | 913 | 918 | 924 | 929 | 934 | 939 | 944 | 950 | 955 |
| 831 | 960 | 965 | 971 | 976 | 981 | 986 | 991 | 997 | *002 | *007 |
| 832 | 92 012 | 018 | 023 | 028 | 033 | 038 | 044 | 049 | 054 | 059 |
| 833 | 065 | 070 | 075 | 080 | 085 | 091 | 096 | 101 | 106 | 111 |
| 834 | 117 | 122 | 127 | 132 | 137 | 143 | 148 | 153 | 158 | 163 |
| N. | L. 0 | 1 | 2 | 3 | 4 | 5 | 6 | 7 | 8 | 9 |

P. P.

| | 6 |
|---|---|
| 1 | 0,6 |
| 2 | 1,2 |
| 3 | 1,8 |
| 4 | 2,4 |
| 5 | 3,0 |
| 6 | 3,6 |
| 7 | 4,2 |
| 8 | 4,8 |
| 9 | 5,4 |

| | 5 |
|---|---|
| 1 | 0,5 |
| 2 | 1,0 |
| 3 | 1,5 |
| 4 | 2,0 |
| 5 | 2,5 |
| 6 | 3,0 |
| 7 | 3,5 |
| 8 | 4,0 |
| 9 | 4,5 |

P. P.

| N. | L. 0 | 1 | 2 | 3 | 4 | 5 | 6 | 7 | 8 | 9 |
|---|---|---|---|---|---|---|---|---|---|---|
| 835 | 92 169 | 174 | 179 | 184 | 189 | 195 | 200 | 205 | 210 | 215 |
| 836 | 221 | 226 | 231 | 236 | 241 | 247 | 252 | 257 | 262 | 267 |
| 837 | 273 | 278 | 283 | 288 | 293 | 298 | 304 | 309 | 314 | 319 |
| 838 | 324 | 330 | 335 | 340 | 345 | 350 | 355 | 361 | 366 | 371 |
| 839 | 376 | 381 | 387 | 392 | 397 | 402 | 407 | 412 | 418 | 423 |
| 840 | 428 | 433 | 438 | 443 | 449 | 454 | 459 | 464 | 469 | 474 |
| 841 | 480 | 485 | 490 | 495 | 500 | 505 | 511 | 516 | 521 | 526 |
| 842 | 531 | 536 | 542 | 547 | 552 | 557 | 562 | 567 | 572 | 578 |
| 843 | 583 | 588 | 593 | 598 | 603 | 609 | 614 | 619 | 624 | 629 |
| 844 | 634 | 639 | 645 | 650 | 655 | 660 | 665 | 670 | 675 | 681 |
| 845 | 686 | 691 | 696 | 701 | 706 | 711 | 716 | 722 | 727 | 732 |
| 846 | 737 | 742 | 747 | 752 | 758 | 763 | 768 | 773 | 778 | 783 |
| 847 | 788 | 793 | 799 | 804 | 809 | 814 | 819 | 824 | 829 | 834 |
| 848 | 840 | 845 | 850 | 855 | 860 | 865 | 870 | 875 | 881 | 886 |
| 849 | 891 | 896 | 901 | 906 | 911 | 916 | 921 | 927 | 932 | 937 |
| 850 | 942 | 947 | 952 | 957 | 962 | 967 | 973 | 978 | 983 | 988 |
| 851 | 993 | 998 | *003 | *008 | *013 | *018 | *024 | *029 | *034 | *039 |
| 852 | 93 044 | 049 | 054 | 059 | 064 | 069 | 075 | 080 | 085 | 090 |
| 853 | 095 | 100 | 105 | 110 | 115 | 120 | 125 | 131 | 136 | 141 |
| 854 | 146 | 151 | 156 | 161 | 166 | 171 | 176 | 181 | 186 | 192 |
| 855 | 197 | 202 | 207 | 212 | 217 | 222 | 227 | 232 | 237 | 242 |
| 856 | 247 | 252 | 258 | 263 | 268 | 273 | 278 | 283 | 288 | 293 |
| 857 | 298 | 303 | 308 | 313 | 318 | 323 | 328 | 334 | 339 | 344 |
| 858 | 349 | 354 | 359 | 364 | 369 | 374 | 379 | 384 | 389 | 394 |
| 859 | 399 | 404 | 409 | 414 | 420 | 425 | 430 | 435 | 440 | 445 |
| 860 | 450 | 455 | 460 | 465 | 470 | 475 | 480 | 485 | 490 | 495 |
| 861 | 500 | 505 | 510 | 515 | 520 | 526 | 531 | 536 | 541 | 546 |
| 862 | 551 | 556 | 561 | 566 | 571 | 576 | 581 | 586 | 591 | 596 |
| 863 | 601 | 606 | 611 | 616 | 621 | 626 | 631 | 636 | 641 | 646 |
| 864 | 651 | 656 | 661 | 666 | 671 | 676 | 682 | 687 | 692 | 697 |
| 865 | 702 | 707 | 712 | 717 | 722 | 727 | 732 | 737 | 742 | 747 |
| 866 | 752 | 757 | 762 | 767 | 772 | 777 | 782 | 787 | 792 | 797 |
| 867 | 802 | 807 | 812 | 817 | 822 | 827 | 832 | 837 | 842 | 847 |
| 868 | 852 | 857 | 862 | 867 | 872 | 877 | 882 | 887 | 892 | 897 |
| 869 | 902 | 907 | 912 | 917 | 922 | 927 | 932 | 937 | 942 | 947 |
| N. | L. 0 | 1 | 2 | 3 | 4 | 5 | 6 | 7 | 8 | 9 |

P. P.

| | 6 |
|---|---|
| 1 | 0,6 |
| 2 | 1,2 |
| 3 | 1,8 |
| 4 | 2,4 |
| 5 | 3,0 |
| 6 | 3,6 |
| 7 | 4,2 |
| 8 | 4,8 |
| 9 | 5,4 |

| | 5 |
|---|---|
| 1 | 0,5 |
| 2 | 1,0 |
| 3 | 1,5 |
| 4 | 2,0 |
| 5 | 2,5 |
| 6 | 3,0 |
| 7 | 3,5 |
| 8 | 4,0 |
| 9 | 4,5 |

| N. | L. 0 | 1 | 2 | 3 | 4 | 5 | 6 | 7 | 8 | 9 |
|---|---|---|---|---|---|---|---|---|---|---|
| 870 | 93 952 | 957 | 962 | 967 | 972 | 977 | 982 | 987 | 992 | 997 |
| 871 | 94 002 | 007 | 012 | 017 | 022 | 027 | 032 | 037 | 042 | 047 |
| 872 | 052 | 057 | 062 | 067 | 072 | 077 | 082 | 086 | 091 | 096 |
| 873 | 101 | 106 | 111 | 116 | 121 | 126 | 131 | 136 | 141 | 146 |
| 874 | 151 | 156 | 161 | 166 | 171 | 176 | 181 | 186 | 191 | 196 |
| 875 | 201 | 206 | 211 | 216 | 221 | 226 | 231 | 236 | 240 | 245 |
| 876 | 250 | 255 | 260 | 265 | 270 | 275 | 280 | 285 | 290 | 295 |
| 877 | 300 | 305 | 310 | 315 | 320 | 325 | 330 | 335 | 340 | 345 |
| 878 | 349 | 354 | 359 | 364 | 369 | 374 | 379 | 384 | 389 | 394 |
| 879 | 399 | 404 | 409 | 414 | 419 | 424 | 429 | 433 | 438 | 443 |
| 880 | 448 | 453 | 458 | 463 | 468 | 473 | 478 | 483 | 488 | 493 |
| 881 | 498 | 503 | 507 | 512 | 517 | 522 | 527 | 532 | 537 | 542 |
| 882 | 547 | 552 | 557 | 562 | 567 | 571 | 576 | 581 | 586 | 591 |
| 883 | 596 | 601 | 606 | 611 | 616 | 621 | 626 | 630 | 635 | 640 |
| 884 | 645 | 650 | 655 | 660 | 665 | 670 | 675 | 680 | 685 | 689 |
| 885 | 694 | 699 | 704 | 709 | 714 | 719 | 724 | 729 | 734 | 738 |
| 886 | 743 | 748 | 753 | 758 | 763 | 768 | 773 | 778 | 783 | 787 |
| 887 | 792 | 797 | 802 | 807 | 812 | 817 | 822 | 827 | 832 | 836 |
| 888 | 841 | 846 | 851 | 856 | 861 | 866 | 871 | 876 | 880 | 885 |
| 889 | 890 | 895 | 900 | 905 | 910 | 915 | 919 | 924 | 929 | 934 |
| 890 | 939 | 944 | 949 | 954 | 959 | 963 | 968 | 973 | 978 | 983 |
| 891 | 988 | 993 | 998 | *002 | *007 | *012 | *017 | *022 | *027 | *032 |
| 892 | 95 036 | 041 | 046 | 051 | 056 | 061 | 066 | 071 | 075 | 080 |
| 893 | 085 | 090 | 095 | 100 | 105 | 109 | 114 | 119 | 124 | 129 |
| 894 | 134 | 139 | 143 | 148 | 153 | 158 | 163 | 168 | 173 | 177 |
| 895 | 182 | 187 | 192 | 197 | 202 | 207 | 211 | 216 | 221 | 226 |
| 896 | 231 | 236 | 240 | 245 | 250 | 255 | 260 | 265 | 270 | 274 |
| 897 | 279 | 284 | 289 | 294 | 299 | 303 | 308 | 313 | 318 | 323 |
| 898 | 328 | 332 | 337 | 342 | 347 | 352 | 357 | 361 | 366 | 371 |
| 899 | 376 | 381 | 386 | 390 | 395 | 400 | 405 | 410 | 415 | 419 |
| 900 | 424 | 429 | 434 | 439 | 444 | 448 | 453 | 458 | 463 | 468 |
| 901 | 472 | 477 | 482 | 487 | 492 | 497 | 501 | 506 | 511 | 516 |
| 902 | 521 | 525 | 530 | 535 | 540 | 545 | 550 | 554 | 559 | 564 |
| 903 | 569 | 574 | 578 | 583 | 588 | 593 | 598 | 602 | 607 | 612 |
| 904 | 617 | 622 | 626 | 631 | 636 | 641 | 646 | 650 | 655 | 660 |
| N. | L. 0 | 1 | 2 | 3 | 4 | 5 | 6 | 7 | 8 | 9 |

P. P.

| | 5 | 4 |
|---|---|---|
| 1 | 0,5 | 0,4 |
| 2 | 1,0 | 0,8 |
| 3 | 1,5 | 1,2 |
| 4 | 2,0 | 1,6 |
| 5 | 2,5 | 2,0 |
| 6 | 3,0 | 2,4 |
| 7 | 3,5 | 2,8 |
| 8 | 4,0 | 3,2 |
| 9 | 4,5 | 3,6 |

| N. | L. 0 | 1 | 2 | 3 | 4 | 5 | 6 | 7 | 8 | 9 | P. P. |
|---|---|---|---|---|---|---|---|---|---|---|---|
| 905 | 95 665 | 670 | 674 | 679 | 684 | 689 | 694 | 698 | 703 | 708 | |
| 906 | 713 | 718 | 722 | 727 | 732 | 737 | 742 | 746 | 751 | 756 | |
| 907 | 761 | 766 | 770 | 775 | 780 | 785 | 789 | 794 | 799 | 804 | |
| 908 | 809 | 813 | 818 | 823 | 828 | 832 | 837 | 842 | 847 | 852 | |
| 909 | 856 | 861 | 866 | 871 | 875 | 880 | 885 | 890 | 895 | 899 | |
| 910 | 904 | 909 | 914 | 918 | 923 | 928 | 933 | 938 | 942 | 947 | |
| 911 | 952 | 957 | 961 | 966 | 971 | 976 | 980 | 985 | 990 | 995 | 5 |
| 912 | 999 | *004 | *009 | *014 | *019 | *023 | *028 | *033 | *038 | *042 | 1 0,5 |
| 913 | 96 047 | 052 | 057 | 061 | 066 | 071 | 076 | 080 | 085 | 090 | 2 1,0 |
| 914 | 095 | 099 | 104 | 109 | 114 | 118 | 123 | 128 | 133 | 137 | 3 1,5 |
| 915 | 142 | 147 | 152 | 156 | 161 | 166 | 171 | 175 | 180 | 185 | 4 2,0 |
| 916 | 190 | 194 | 199 | 204 | 209 | 213 | 218 | 223 | 227 | 232 | 5 2,5 |
| 917 | 237 | 242 | 246 | 251 | 256 | 261 | 265 | 270 | 275 | 280 | 6 3,0 |
| 918 | 284 | 289 | 294 | 298 | 303 | 308 | 313 | 317 | 322 | 327 | 7 3,5 |
| 919 | 332 | 336 | 341 | 346 | 350 | 355 | 360 | 365 | 369 | 374 | 8 4,0 |
| 920 | 379 | 384 | 388 | 393 | 398 | 402 | 407 | 412 | 417 | 421 | 9 4,5 |
| 921 | 426 | 431 | 435 | 440 | 445 | 450 | 454 | 459 | 464 | 468 | |
| 922 | 473 | 478 | 483 | 487 | 492 | 497 | 501 | 506 | 511 | 515 | |
| 923 | 520 | 525 | 530 | 534 | 539 | 544 | 548 | 553 | 558 | 562 | |
| 924 | 567 | 572 | 577 | 581 | 586 | 591 | 595 | 600 | 605 | 609 | |
| 925 | 614 | 619 | 624 | 628 | 633 | 638 | 642 | 647 | 652 | 656 | |
| 926 | 661 | 666 | 670 | 675 | 680 | 685 | 689 | 694 | 699 | 703 | 4 |
| 927 | 708 | 713 | 717 | 722 | 727 | 731 | 736 | 741 | 745 | 750 | 1 0,4 |
| 928 | 755 | 759 | 764 | 769 | 774 | 778 | 783 | 788 | 792 | 797 | 2 0,8 |
| 929 | 802 | 806 | 811 | 816 | 820 | 825 | 830 | 834 | 839 | 844 | 3 1,2 |
| 930 | 848 | 853 | 858 | 862 | 867 | 872 | 876 | 881 | 886 | 890 | 4 1,6 |
| 931 | 895 | 900 | 904 | 909 | 914 | 918 | 923 | 928 | 932 | 937 | 5 2,0 |
| 932 | 942 | 946 | 951 | 956 | 960 | 965 | 970 | 974 | 979 | 984 | 6 2,4 |
| 933 | 988 | 993 | 997 | *002 | *007 | *011 | *016 | *021 | *025 | *030 | 7 2,8 |
| 934 | 97 035 | 039 | 044 | 049 | 053 | 058 | 063 | 067 | 072 | 077 | 8 3,2 |
| 935 | 081 | 086 | 090 | 095 | 100 | 104 | 109 | 114 | 118 | 123 | 9 3,6 |
| 936 | 128 | 132 | 137 | 142 | 146 | 151 | 155 | 160 | 165 | 169 | |
| 937 | 174 | 179 | 183 | 188 | 192 | 197 | 202 | 206 | 211 | 216 | |
| 938 | 220 | 225 | 230 | 234 | 239 | 243 | 248 | 253 | 257 | 262 | |
| 939 | 267 | 271 | 276 | 280 | 285 | 290 | 294 | 299 | 304 | 308 | |
| N. | L. 0 | 1 | 2 | 3 | 4 | 5 | 6 | 7 | 8 | 9 | P. P. |

| N. | L. 0 | 1 | 2 | 3 | 4 | 5 | 6 | 7 | 8 | 9 | P. P. |
|---|---|---|---|---|---|---|---|---|---|---|---|
| 940 | 97 313 | 317 | 322 | 327 | 331 | 336 | 340 | 345 | 350 | 354 | |
| 941 | 359 | 364 | 368 | 373 | 377 | 382 | 387 | 391 | 396 | 400 | |
| 942 | 405 | 410 | 414 | 419 | 424 | 428 | 433 | 437 | 442 | 447 | |
| 943 | 451 | 456 | 460 | 465 | 470 | 474 | 479 | 483 | 488 | 493 | |
| 944 | 497 | 502 | 506 | 511 | 516 | 520 | 525 | 529 | 534 | 539 | |
| 945 | 543 | 548 | 552 | 557 | 562 | 566 | 571 | 575 | 580 | 585 | 5 |
| 946 | 589 | 594 | 598 | 603 | 607 | 612 | 617 | 621 | 626 | 630 | 1 0,5 |
| 947 | 635 | 640 | 644 | 649 | 653 | 658 | 663 | 667 | 672 | 676 | 2 1,0 |
| 948 | 681 | 685 | 690 | 695 | 699 | 704 | 708 | 713 | 717 | 722 | 3 1,5 |
| 949 | 727 | 731 | 736 | 740 | 745 | 749 | 754 | 759 | 763 | 768 | 4 2,0 |
| 950 | 772 | 777 | 782 | 786 | 791 | 795 | 800 | 804 | 809 | 813 | 5 2,5 |
| 951 | 818 | 823 | 827 | 832 | 836 | 841 | 845 | 850 | 855 | 859 | 6 3,0 |
| 952 | 864 | 868 | 873 | 877 | 882 | 886 | 891 | 896 | 900 | 905 | 7 3,5 |
| 953 | 909 | 914 | 918 | 923 | 928 | 932 | 937 | 941 | 946 | 950 | 8 4,0 |
| 954 | 955 | 959 | 964 | 968 | 973 | 978 | 982 | 987 | 991 | 996 | 9 4,5 |
| 955 | 98 000 | 005 | 009 | 014 | 019 | 023 | 028 | 032 | 037 | 041 | |
| 956 | 046 | 050 | 055 | 059 | 064 | 068 | 073 | 078 | 082 | 087 | |
| 957 | 091 | 096 | 100 | 105 | 109 | 114 | 118 | 123 | 127 | 132 | |
| 958 | 137 | 141 | 146 | 150 | 155 | 159 | 164 | 168 | 173 | 177 | |
| 959 | 182 | 186 | 191 | 195 | 200 | 204 | 209 | 214 | 218 | 223 | |
| 960 | 227 | 232 | 236 | 241 | 245 | 250 | 254 | 259 | 263 | 268 | 4 |
| 961 | 272 | 277 | 281 | 286 | 290 | 295 | 299 | 304 | 308 | 313 | 1 0,4 |
| 962 | 318 | 322 | 327 | 331 | 336 | 340 | 345 | 349 | 354 | 358 | 2 0,8 |
| 963 | 363 | 367 | 372 | 376 | 381 | 385 | 390 | 394 | 399 | 403 | 3 1,2 |
| 964 | 408 | 412 | 417 | 421 | 426 | 430 | 435 | 439 | 444 | 448 | 4 1,6 |
| 965 | 453 | 457 | 462 | 466 | 471 | 475 | 480 | 484 | 489 | 493 | 5 2,0 |
| 966 | 498 | 502 | 507 | 511 | 516 | 520 | 525 | 529 | 534 | 538 | 6 2,4 |
| 967 | 543 | 547 | 552 | 556 | 561 | 565 | 570 | 574 | 579 | 583 | 7 2,8 |
| 968 | 588 | 592 | 597 | 601 | 605 | 610 | 614 | 619 | 623 | 628 | 8 3,2 |
| 969 | 632 | 637 | 641 | 646 | 650 | 655 | 659 | 664 | 668 | 673 | 9 3,6 |
| 970 | 677 | 682 | 686 | 691 | 695 | 700 | 704 | 709 | 713 | 717 | |
| 971 | 722 | 726 | 731 | 735 | 740 | 744 | 749 | 753 | 758 | 762 | |
| 972 | 767 | 771 | 776 | 780 | 784 | 789 | 793 | 798 | 802 | 807 | |
| 973 | 811 | 816 | 820 | 825 | 829 | 834 | 838 | 843 | 847 | 851 | |
| 974 | 856 | 860 | 865 | 869 | 874 | 878 | 883 | 887 | 892 | 896 | |
| N. | L. 0 | 1 | 2 | 3 | 4 | 5 | 6 | 7 | 8 | 9 | P. P. |

| N. | L. 0 | 1 | 2 | 3 | 4 | 5 | 6 | 7 | 8 | 9 | P. P. |
|---|---|---|---|---|---|---|---|---|---|---|---|
| 975 | 98 900 | 905 | 909 | 914 | 918 | 923 | 927 | 932 | 936 | 941 | 5 |
| 976 | 945 | 949 | 954 | 958 | 963 | 967 | 972 | 976 | 981 | 985 | 1 0,5 |
| 977 | 989 | 994 | 998 | *003 | *007 | *012 | *016 | *021 | *025 | *029 | 2 1,0 |
| 978 | 99 034 | 038 | 043 | 047 | 052 | 056 | 061 | 065 | 069 | 074 | 3 1,5 |
| 979 | 078 | 083 | 087 | 092 | 096 | 100 | 105 | 109 | 114 | 118 | 4 2,0 |
| 980 | 123 | 127 | 131 | 136 | 140 | 145 | 149 | 154 | 158 | 162 | 5 2,5 |
| 981 | 167 | 171 | 176 | 180 | 185 | 189 | 193 | 198 | 202 | 207 | 6 3,0 |
| 982 | 211 | 216 | 220 | 224 | 229 | 233 | 238 | 242 | 247 | 251 | 7 3,5 |
| 983 | 255 | 260 | 264 | 269 | 273 | 277 | 282 | 286 | 291 | 295 | 8 4,0 |
| 984 | 300 | 304 | 308 | 313 | 317 | 322 | 326 | 330 | 335 | 339 | 9 4,5 |
| 985 | 344 | 348 | 352 | 357 | 361 | 366 | 370 | 374 | 379 | 383 | |
| 986 | 388 | 392 | 396 | 401 | 405 | 410 | 414 | 419 | 423 | 427 | |
| 987 | 432 | 436 | 441 | 445 | 449 | 454 | 458 | 463 | 467 | 471 | 4 |
| 988 | 476 | 480 | 484 | 489 | 493 | 498 | 502 | 506 | 511 | 515 | 1 0,4 |
| 989 | 520 | 524 | 528 | 533 | 537 | 542 | 546 | 550 | 555 | 559 | 2 0,8 |
| 990 | 564 | 568 | 572 | 577 | 581 | 585 | 590 | 594 | 599 | 603 | 3 1,2 |
| 991 | 607 | 612 | 616 | 621 | 625 | 629 | 634 | 638 | 642 | 647 | 4 1,6 |
| 992 | 651 | 656 | 660 | 664 | 669 | 673 | 677 | 682 | 686 | 691 | 5 2,0 |
| 993 | 695 | 699 | 704 | 708 | 712 | 717 | 721 | 726 | 730 | 734 | 6 2,4 |
| 994 | 739 | 743 | 747 | 752 | 756 | 760 | 765 | 769 | 774 | 778 | 7 2,8 |
| 995 | 782 | 787 | 791 | 795 | 800 | 804 | 808 | 813 | 817 | 822 | 8 3,2 |
| 996 | 826 | 830 | 835 | 839 | 843 | 848 | 852 | 856 | 861 | 865 | 9 3,6 |
| 997 | 870 | 874 | 878 | 883 | 887 | 891 | 896 | 900 | 904 | 909 | |
| 998 | 913 | 917 | 922 | 926 | 930 | 935 | 939 | 944 | 948 | 952 | |
| 999 | 957 | 961 | 965 | 970 | 974 | 978 | 983 | 987 | 991 | 996 | |
| N. | L. 0 | 1 | 2 | 3 | 4 | 5 | 6 | 7 | 8 | 9 | P. P. |

| N. | 0 | 1 | 2 | 3 | 4 | 5 | 6 | 7 | 8 | 9 | 1 | 2 | 3 | 4 | 5 | 6 | 7 | 8 |
|---|---|---|---|---|---|---|---|---|---|---|---|---|---|---|---|---|---|---|
| 10 | 0000 | 0043 | 0086 | 0128 | 0170 | 0212 | 0253 | 0294 | 0334 | 0374 | 4 | 8 | 12 | 17 | 21 | 25 | 29 | 33 |
| 11 | 0414 | 0453 | 0492 | 0531 | 0569 | 0607 | 0645 | 0682 | 0719 | 0755 | 4 | 8 | 11 | 15 | 19 | 23 | 26 | 30 |
| 12 | 0792 | 0828 | 0864 | 0899 | 0934 | 0969 | 1004 | 1038 | 1072 | 1106 | 3 | 7 | 10 | 14 | 17 | 21 | 24 | 28 |
| 13 | 1139 | 1173 | 1206 | 1239 | 1271 | 1303 | 1335 | 1367 | 1399 | 1430 | 3 | 6 | 10 | 13 | 16 | 19 | 23 | 26 |
| 14 | 1461 | 1492 | 1523 | 1553 | 1584 | 1614 | 1644 | 1673 | 1703 | 1732 | 3 | 6 | 9 | 12 | 15 | 18 | 21 | 24 |
| 15 | 1761 | 1790 | 1818 | 1847 | 1875 | 1903 | 1931 | 1959 | 1987 | 2014 | 3 | 6 | 8 | 11 | 14 | 17 | 20 | 22 |
| 16 | 2041 | 2068 | 2095 | 2122 | 2148 | 2175 | 2201 | 2227 | 2253 | 2279 | 3 | 5 | 8 | 11 | 13 | 16 | 18 | 21 |
| 17 | 2304 | 2330 | 2355 | 2380 | 2405 | 2430 | 2455 | 2480 | 2504 | 2529 | 2 | 5 | 7 | 10 | 12 | 15 | 17 | 20 |
| 18 | 2553 | 2577 | 2601 | 2625 | 2648 | 2672 | 2695 | 2718 | 2742 | 2765 | 2 | 5 | 7 | 9 | 12 | 14 | 16 | 19 |
| 19 | 2788 | 2810 | 2833 | 2856 | 2878 | 2900 | 2923 | 2945 | 2967 | 2989 | 2 | 4 | 7 | 9 | 11 | 13 | 16 | 18 |
| 20 | 3010 | 3032 | 3054 | 3075 | 3096 | 3118 | 3139 | 3160 | 3181 | 3201 | 2 | 4 | 6 | 8 | 11 | 13 | 15 | 17 |
| 21 | 3222 | 3243 | 3263 | 3284 | 3304 | 3324 | 3345 | 3365 | 3385 | 3404 | 2 | 4 | 6 | 8 | 10 | 12 | 14 | 16 |
| 22 | 3424 | 3444 | 3464 | 3483 | 3502 | 3522 | 3541 | 3560 | 3579 | 3598 | 2 | 4 | 6 | 8 | 10 | 12 | 14 | 15 |
| 23 | 3617 | 3636 | 3655 | 3674 | 3692 | 3711 | 3729 | 3747 | 3766 | 3784 | 2 | 4 | 6 | 7 | 9 | 11 | 13 | 15 |
| 24 | 3802 | 3820 | 3838 | 3856 | 3874 | 3892 | 3909 | 3927 | 3945 | 3962 | 2 | 4 | 5 | 7 | 9 | 11 | 12 | 14 |
| 25 | 3979 | 3997 | 4014 | 4031 | 4048 | 4065 | 4082 | 4099 | 4116 | 4133 | 2 | 3 | 5 | 7 | 9 | 10 | 12 | 14 |
| 26 | 4150 | 4166 | 4183 | 4200 | 4216 | 4232 | 4249 | 4265 | 4281 | 4298 | 2 | 3 | 5 | 7 | 8 | 10 | 11 | 13 |
| 27 | 4314 | 4330 | 4346 | 4362 | 4378 | 4393 | 4409 | 4425 | 4440 | 4456 | 2 | 3 | 5 | 6 | 8 | 9 | 11 | 13 |
| 28 | 4472 | 4487 | 4502 | 4518 | 4533 | 4548 | 4564 | 4579 | 4594 | 4609 | 2 | 3 | 5 | 6 | 8 | 9 | 11 | 12 |
| 29 | 4624 | 4639 | 4654 | 4669 | 4683 | 4698 | 4713 | 4728 | 4742 | 4757 | 1 | 3 | 4 | 6 | 7 | 9 | 10 | 12 |
| 30 | 4771 | 4786 | 4800 | 4814 | 4829 | 4843 | 4857 | 4871 | 4886 | 4900 | 1 | 3 | 4 | 6 | 7 | 9 | 10 | 11 |
| 31 | 4914 | 4928 | 4942 | 4955 | 4969 | 4983 | 4997 | 5011 | 5024 | 5038 | 1 | 3 | 4 | 6 | 7 | 8 | 10 | 11 |
| 32 | 5051 | 5065 | 5079 | 5092 | 5105 | 5119 | 5132 | 5145 | 5159 | 5172 | 1 | 3 | 4 | 5 | 7 | 8 | 9 | 11 |
| 33 | 5185 | 5198 | 5211 | 5224 | 5237 | 5250 | 5263 | 5276 | 5289 | 5302 | 1 | 3 | 4 | 5 | 6 | 8 | 9 | 10 |
| 34 | 5315 | 5328 | 5340 | 5353 | 5366 | 5378 | 5391 | 5403 | 5416 | 5428 | 1 | 3 | 4 | 5 | 6 | 8 | 9 | 10 |
| 35 | 5441 | 5453 | 5465 | 5478 | 5490 | 5502 | 5514 | 5527 | 5539 | 5551 | 1 | 2 | 4 | 5 | 6 | 7 | 9 | 10 |
| 36 | 5563 | 5575 | 5587 | 5599 | 5611 | 5623 | 5635 | 5647 | 5658 | 5670 | 1 | 2 | 4 | 5 | 6 | 7 | 8 | 10 |
| 37 | 5682 | 5694 | 5705 | 5717 | 5729 | 5740 | 5752 | 5763 | 5775 | 5786 | 1 | 2 | 3 | 5 | 6 | 7 | 8 | 9 |
| 38 | 5798 | 5809 | 5821 | 5832 | 5843 | 5855 | 5866 | 5877 | 5888 | 5899 | 1 | 2 | 3 | 5 | 6 | 7 | 8 | 9 |
| 39 | 5911 | 5922 | 5933 | 5944 | 5955 | 5966 | 5977 | 5988 | 5999 | 6010 | 1 | 2 | 3 | 4 | 5 | 7 | 8 | 9 |
| 40 | 6021 | 6031 | 6042 | 6053 | 6064 | 6075 | 6085 | 6096 | 6107 | 6117 | 1 | 2 | 3 | 4 | 5 | 6 | 8 | 9 |
| 41 | 6128 | 6138 | 6149 | 6160 | 6170 | 6180 | 6191 | 6201 | 6212 | 6222 | 1 | 2 | 3 | 4 | 5 | 6 | 7 | 8 |
| 42 | 6232 | 6243 | 6253 | 6263 | 6274 | 6284 | 6294 | 6304 | 6314 | 6325 | 1 | 2 | 3 | 4 | 5 | 6 | 7 | 8 |
| 43 | 6335 | 6345 | 6355 | 6365 | 6375 | 6385 | 6395 | 6405 | 6415 | 6425 | 1 | 2 | 3 | 4 | 5 | 6 | 7 | 8 |
| 44 | 6435 | 6444 | 6454 | 6464 | 6474 | 6484 | 6493 | 6503 | 6513 | 6522 | 1 | 2 | 3 | 4 | 5 | 6 | 7 | 8 |
| 45 | 6532 | 6542 | 6551 | 6561 | 6571 | 6580 | 6590 | 6599 | 6609 | 6618 | 1 | 2 | 3 | 4 | 5 | 6 | 7 | 8 |
| 46 | 6628 | 6637 | 6646 | 6656 | 6665 | 6675 | 6684 | 6693 | 6702 | 6712 | 1 | 2 | 3 | 4 | 5 | 6 | 7 | 7 |
| 47 | 6721 | 6730 | 6739 | 6749 | 6758 | 6767 | 6776 | 6785 | 6794 | 6803 | 1 | 2 | 3 | 4 | 5 | 5 | 6 | 7 |
| 48 | 6812 | 6821 | 6830 | 6839 | 6848 | 6857 | 6866 | 6875 | 6884 | 6893 | 1 | 2 | 3 | 4 | 4 | 5 | 6 | 7 |
| 49 | 6902 | 6911 | 6920 | 6928 | 6937 | 6946 | 6955 | 6964 | 6972 | 6981 | 1 | 2 | 3 | 4 | 4 | 5 | 6 | 7 |
| 50 | 6990 | 6998 | 7007 | 7016 | 7024 | 7033 | 7042 | 7050 | 7059 | 7067 | 1 | 2 | 3 | 3 | 4 | 5 | 6 | 7 |
| 51 | 7076 | 7084 | 7093 | 7101 | 7110 | 7118 | 7126 | 7135 | 7143 | 7152 | 1 | 2 | 3 | 3 | 4 | 5 | 6 | 7 |
| 52 | 7160 | 7168 | 7177 | 7185 | 7193 | 7202 | 7210 | 7218 | 7226 | 7235 | 1 | 2 | 2 | 3 | 4 | 5 | 6 | 7 |
| 53 | 7243 | 7251 | 7259 | 7267 | 7275 | 7284 | 7292 | 7300 | 7308 | 7316 | 1 | 2 | 2 | 3 | 4 | 5 | 6 | 6 |
| 54 | 7324 | 7332 | 7340 | 7348 | 7356 | 7364 | 7372 | 7380 | 7388 | 7396 | 1 | 2 | 2 | 3 | 4 | 5 | 6 | 6 |
|  | 0 | 1 | 2 | 3 | 4 | 5 | 6 | 7 | 8 | 9 | 1 | 2 | 3 | 4 | 5 | 6 | 7 | 8 |

| 0 | 1 | 2 | 3 | 4 | 5 | 6 | 7 | 8 | 9 | 1 | 2 | 3 | 4 | 5 | 6 | 7 | 8 | 9 |
|---|---|---|---|---|---|---|---|---|---|---|---|---|---|---|---|---|---|---|
| 7404 | 7412 | 7419 | 7427 | 7435 | 7443 | 7451 | 7459 | 7466 | 7474 | 1 | 2 | 2 | 3 | 4 | 5 | 5 | 6 | 7 |
| 7482 | 7490 | 7497 | 7505 | 7513 | 7520 | 7528 | 7536 | 7543 | 7551 | 1 | 2 | 2 | 3 | 4 | 5 | 5 | 6 | 7 |
| 7559 | 7566 | 7574 | 7582 | 7589 | 7597 | 7604 | 7612 | 7619 | 7627 | 1 | 2 | 2 | 3 | 4 | 5 | 5 | 6 | 7 |
| 7634 | 7642 | 7649 | 7657 | 7664 | 7672 | 7679 | 7686 | 7694 | 7701 | 1 | 1 | 2 | 3 | 4 | 4 | 5 | 6 | 7 |
| 7709 | 7716 | 7723 | 7731 | 7738 | 7745 | 7752 | 7760 | 7767 | 7774 | 1 | 1 | 2 | 3 | 4 | 4 | 5 | 6 | 7 |
| 7782 | 7789 | 7796 | 7803 | 7810 | 7818 | 7825 | 7832 | 7839 | 7846 | 1 | 1 | 2 | 3 | 4 | 4 | 5 | 6 | 6 |
| 7853 | 7860 | 7868 | 7875 | 7882 | 7889 | 7896 | 7903 | 7910 | 7917 | 1 | 1 | 2 | 3 | 4 | 4 | 5 | 6 | 6 |
| 7924 | 7931 | 7938 | 7945 | 7952 | 7959 | 7966 | 7973 | 7980 | 7987 | 1 | 1 | 2 | 3 | 3 | 4 | 5 | 6 | 6 |
| 7993 | 8000 | 8007 | 8014 | 8021 | 8028 | 8035 | 8041 | 8048 | 8055 | 1 | 1 | 2 | 3 | 3 | 4 | 5 | 5 | 6 |
| 8062 | 8069 | 8075 | 8082 | 8089 | 8096 | 8102 | 8109 | 8116 | 8122 | 1 | 1 | 2 | 3 | 3 | 4 | 5 | 5 | 6 |
| 8129 | 8136 | 8142 | 8149 | 8156 | 8162 | 8169 | 8176 | 8182 | 8189 | 1 | 1 | 2 | 3 | 3 | 4 | 5 | 5 | 6 |
| 8195 | 8202 | 8209 | 8215 | 8222 | 8228 | 8235 | 8241 | 8248 | 8254 | 1 | 1 | 2 | 3 | 3 | 4 | 5 | 5 | 6 |
| 8261 | 8267 | 8274 | 8280 | 8287 | 8293 | 8299 | 8306 | 8312 | 8319 | 1 | 1 | 2 | 3 | 3 | 4 | 5 | 5 | 6 |
| 8325 | 8331 | 8338 | 8344 | 8351 | 8357 | 8363 | 8370 | 8376 | 8382 | 1 | 1 | 2 | 3 | 3 | 4 | 4 | 5 | 6 |
| 8388 | 8395 | 8401 | 8407 | 8414 | 8420 | 8426 | 8432 | 8439 | 8445 | 1 | 1 | 2 | 2 | 3 | 4 | 4 | 5 | 6 |
| 8451 | 8457 | 8463 | 8470 | 8476 | 8482 | 8488 | 8494 | 8500 | 8506 | 1 | 1 | 2 | 2 | 3 | 4 | 4 | 5 | 6 |
| 8513 | 8519 | 8525 | 8531 | 8537 | 8543 | 8549 | 8555 | 8561 | 8567 | 1 | 1 | 2 | 2 | 3 | 4 | 4 | 5 | 5 |
| 8573 | 8579 | 8585 | 8591 | 8597 | 8603 | 8609 | 8615 | 8621 | 8627 | 1 | 1 | 2 | 2 | 3 | 4 | 4 | 5 | 5 |
| 8633 | 8639 | 8645 | 8651 | 8657 | 8663 | 8669 | 8675 | 8681 | 8686 | 1 | 1 | 2 | 2 | 3 | 4 | 4 | 5 | 5 |
| 8692 | 8698 | 8704 | 8710 | 8716 | 8722 | 8727 | 8733 | 8739 | 8745 | 1 | 1 | 2 | 2 | 3 | 4 | 4 | 5 | 5 |
| 8751 | 8756 | 8762 | 8768 | 8774 | 8779 | 8785 | 8791 | 8797 | 8802 | 1 | 1 | 2 | 2 | 3 | 3 | 4 | 5 | 5 |
| 8808 | 8814 | 8820 | 8825 | 8831 | 8837 | 8842 | 8848 | 8854 | 8859 | 1 | 1 | 2 | 2 | 3 | 3 | 4 | 5 | 5 |
| 8865 | 8871 | 8876 | 8882 | 8887 | 8893 | 8899 | 8904 | 8910 | 8915 | 1 | 1 | 2 | 2 | 3 | 3 | 4 | 4 | 5 |
| 8921 | 8927 | 8932 | 8938 | 8943 | 8949 | 8954 | 8960 | 8965 | 8971 | 1 | 1 | 2 | 2 | 3 | 3 | 4 | 4 | 5 |
| 8976 | 8982 | 8987 | 8993 | 8998 | 9004 | 9009 | 9015 | 9020 | 9025 | 1 | 1 | 2 | 2 | 3 | 3 | 4 | 4 | 5 |
| 9031 | 9036 | 9042 | 9047 | 9053 | 9058 | 9063 | 9069 | 9074 | 9079 | 1 | 1 | 2 | 2 | 3 | 3 | 4 | 4 | 5 |
| 9085 | 9090 | 9096 | 9101 | 9106 | 9112 | 9117 | 9122 | 9128 | 9133 | 1 | 1 | 2 | 2 | 3 | 3 | 4 | 4 | 5 |
| 9138 | 9143 | 9149 | 9154 | 9159 | 9165 | 9170 | 9175 | 9180 | 9186 | 1 | 1 | 2 | 2 | 3 | 3 | 4 | 4 | 5 |
| 9191 | 9196 | 9201 | 9206 | 9212 | 9217 | 9222 | 9227 | 9232 | 9238 | 1 | 1 | 2 | 2 | 3 | 3 | 4 | 4 | 5 |
| 9243 | 9248 | 9253 | 9258 | 9263 | 9269 | 9274 | 9279 | 9284 | 9289 | 1 | 1 | 2 | 2 | 3 | 3 | 4 | 4 | 5 |
| 9294 | 9299 | 9304 | 9309 | 9315 | 9320 | 9325 | 9330 | 9335 | 9340 | 1 | 1 | 2 | 2 | 3 | 3 | 4 | 4 | 5 |
| 9345 | 9350 | 9355 | 9360 | 9365 | 9370 | 9375 | 9380 | 9385 | 9390 | 1 | 1 | 2 | 2 | 3 | 3 | 4 | 4 | 5 |
| 9395 | 9400 | 9405 | 9410 | 9415 | 9420 | 9425 | 9430 | 9435 | 9440 | 0 | 1 | 1 | 2 | 2 | 3 | 3 | 4 | 4 |
| 9445 | 9450 | 9455 | 9460 | 9465 | 9469 | 9474 | 9479 | 9484 | 9489 | 0 | 1 | 1 | 2 | 2 | 3 | 3 | 4 | 4 |
| 9494 | 9499 | 9504 | 9509 | 9513 | 9518 | 9523 | 9528 | 9533 | 9538 | 0 | 1 | 1 | 2 | 2 | 3 | 3 | 4 | 4 |
| 9542 | 9547 | 9552 | 9557 | 9562 | 9566 | 9571 | 9576 | 9581 | 9586 | 0 | 1 | 1 | 2 | 2 | 3 | 3 | 4 | 4 |
| 9590 | 9595 | 9600 | 9605 | 9609 | 9614 | 9619 | 9624 | 9628 | 9633 | 0 | 1 | 1 | 2 | 2 | 3 | 3 | 4 | 4 |
| 9638 | 9643 | 9647 | 9652 | 9657 | 9661 | 9666 | 9671 | 9675 | 9680 | 0 | 1 | 1 | 2 | 2 | 3 | 3 | 4 | 4 |
| 9685 | 9689 | 9694 | 9699 | 9703 | 9708 | 9713 | 9717 | 9722 | 9727 | 0 | 1 | 1 | 2 | 2 | 3 | 3 | 4 | 4 |
| 9731 | 9736 | 9741 | 9745 | 9750 | 9754 | 9759 | 9763 | 9768 | 9773 | 0 | 1 | 1 | 2 | 2 | 3 | 3 | 4 | 4 |
| 9777 | 9782 | 9786 | 9791 | 9795 | 9800 | 9805 | 9809 | 9814 | 9818 | 0 | 1 | 1 | 2 | 2 | 3 | 3 | 4 | 4 |
| 9823 | 9827 | 9832 | 9836 | 9841 | 9845 | 9850 | 9854 | 9859 | 9863 | 0 | 1 | 1 | 2 | 2 | 3 | 3 | 4 | 4 |
| 9868 | 9872 | 9877 | 9881 | 9886 | 9890 | 9894 | 9899 | 9903 | 9908 | 0 | 1 | 1 | 2 | 2 | 3 | 3 | 4 | 4 |
| 9912 | 9917 | 9921 | 9926 | 9930 | 9934 | 9939 | 9943 | 9948 | 9952 | 0 | 1 | 1 | 2 | 2 | 3 | 3 | 4 | 4 |
| 9956 | 9961 | 9965 | 9969 | 9974 | 9978 | 9983 | 9987 | 9991 | 9996 | 0 | 1 | 1 | 2 | 2 | 3 | 3 | 3 | 4 |
| 0 | 1 | 2 | 3 | 4 | 5 | 6 | 7 | 8 | 9 | 1 | 2 | 3 | 4 | 5 | 6 | 7 | 8 | 9 |

| Log. | 0 | 1 | 2 | 3 | 4 | 5 | 6 | 7 | 8 | 9 | 1 | 2 | 3 | 4 | 5 | 6 | 7 | 8 |
|---|---|---|---|---|---|---|---|---|---|---|---|---|---|---|---|---|---|---|
| ·00 | 1000 | 1002 | 1005 | 1007 | 1009 | 1012 | 1014 | 1016 | 1019 | 1021 | 0 | 0 | 1 | 1 | 1 | 1 | 2 | 2 |
| ·01 | 1023 | 1026 | 1028 | 1030 | 1033 | 1035 | 1038 | 1040 | 1042 | 1045 | 0 | 0 | 1 | 1 | 1 | 1 | 2 | 2 |
| ·02 | 1047 | 1050 | 1052 | 1054 | 1057 | 1059 | 1062 | 1064 | 1067 | 1069 | 0 | 0 | 1 | 1 | 1 | 1 | 2 | 2 |
| ·03 | 1072 | 1074 | 1076 | 1079 | 1081 | 1084 | 1086 | 1089 | 1091 | 1094 | 0 | 0 | 1 | 1 | 1 | 1 | 2 | 2 |
| ·04 | 1096 | 1099 | 1102 | 1104 | 1107 | 1109 | 1112 | 1114 | 1117 | 1119 | 0 | 1 | 1 | 1 | 1 | 2 | 2 | 2 |
| ·05 | 1122 | 1125 | 1127 | 1130 | 1132 | 1135 | 1138 | 1140 | 1143 | 1146 | 0 | 1 | 1 | 1 | 1 | 2 | 2 | 2 |
| ·06 | 1148 | 1151 | 1153 | 1156 | 1159 | 1161 | 1164 | 1167 | 1169 | 1172 | 0 | 1 | 1 | 1 | 1 | 2 | 2 | 2 |
| ·07 | 1175 | 1178 | 1180 | 1183 | 1186 | 1189 | 1191 | 1194 | 1197 | 1199 | 0 | 1 | 1 | 1 | 1 | 2 | 2 | 2 |
| ·08 | 1202 | 1205 | 1208 | 1211 | 1213 | 1216 | 1219 | 1222 | 1225 | 1227 | 0 | 1 | 1 | 1 | 1 | 2 | 2 | 2 |
| ·09 | 1230 | 1233 | 1236 | 1239 | 1242 | 1245 | 1247 | 1250 | 1253 | 1256 | 0 | 1 | 1 | 1 | 1 | 2 | 2 | 2 |
| ·10 | 1259 | 1262 | 1265 | 1268 | 1271 | 1274 | 1276 | 1279 | 1282 | 1285 | 0 | 1 | 1 | 1 | 1 | 2 | 2 | 2 |
| ·11 | 1288 | 1291 | 1294 | 1297 | 1300 | 1303 | 1306 | 1309 | 1312 | 1315 | 0 | 1 | 1 | 1 | 2 | 2 | 2 | 2 |
| ·12 | 1318 | 1321 | 1324 | 1327 | 1330 | 1334 | 1337 | 1340 | 1343 | 1346 | 0 | 1 | 1 | 1 | 2 | 2 | 2 | 2 |
| ·13 | 1349 | 1352 | 1355 | 1358 | 1361 | 1365 | 1368 | 1371 | 1374 | 1377 | 0 | 1 | 1 | 1 | 2 | 2 | 2 | 3 |
| ·14 | 1380 | 1384 | 1387 | 1390 | 1393 | 1396 | 1400 | 1403 | 1406 | 1409 | 0 | 1 | 1 | 1 | 2 | 2 | 2 | 3 |
| ·15 | 1413 | 1416 | 1419 | 1422 | 1426 | 1429 | 1432 | 1435 | 1439 | 1442 | 0 | 1 | 1 | 1 | 2 | 2 | 2 | 3 |
| ·16 | 1445 | 1449 | 1452 | 1455 | 1459 | 1462 | 1466 | 1469 | 1472 | 1476 | 0 | 1 | 1 | 1 | 2 | 2 | 2 | 3 |
| ·17 | 1479 | 1483 | 1486 | 1489 | 1493 | 1496 | 1500 | 1503 | 1507 | 1510 | 0 | 1 | 1 | 1 | 2 | 2 | 2 | 3 |
| ·18 | 1514 | 1517 | 1521 | 1524 | 1528 | 1531 | 1535 | 1538 | 1542 | 1545 | 0 | 1 | 1 | 1 | 2 | 2 | 2 | 3 |
| ·19 | 1549 | 1552 | 1556 | 1560 | 1563 | 1567 | 1570 | 1574 | 1578 | 1581 | 0 | 1 | 1 | 1 | 2 | 2 | 3 | 3 |
| ·20 | 1585 | 1589 | 1592 | 1596 | 1600 | 1603 | 1607 | 1611 | 1614 | 1618 | 0 | 1 | 1 | 1 | 2 | 2 | 3 | 3 |
| ·21 | 1622 | 1626 | 1629 | 1633 | 1637 | 1641 | 1644 | 1648 | 1652 | 1656 | 0 | 1 | 1 | 2 | 2 | 2 | 3 | 3 |
| ·22 | 1660 | 1663 | 1667 | 1671 | 1675 | 1679 | 1683 | 1687 | 1690 | 1694 | 0 | 1 | 1 | 2 | 2 | 2 | 3 | 3 |
| ·23 | 1698 | 1702 | 1706 | 1710 | 1714 | 1718 | 1722 | 1726 | 1730 | 1734 | 0 | 1 | 1 | 2 | 2 | 2 | 3 | 3 |
| ·24 | 1738 | 1742 | 1746 | 1750 | 1754 | 1758 | 1762 | 1766 | 1770 | 1774 | 0 | 1 | 1 | 2 | 2 | 2 | 3 | 3 |
| ·25 | 1778 | 1782 | 1786 | 1791 | 1795 | 1799 | 1803 | 1807 | 1811 | 1816 | 0 | 1 | 1 | 2 | 2 | 2 | 3 | 3 |
| ·26 | 1820 | 1824 | 1828 | 1832 | 1837 | 1841 | 1845 | 1849 | 1854 | 1858 | 0 | 1 | 1 | 2 | 2 | 3 | 3 | 3 |
| ·27 | 1862 | 1866 | 1871 | 1875 | 1879 | 1884 | 1888 | 1892 | 1897 | 1901 | 0 | 1 | 1 | 2 | 2 | 3 | 3 | 3 |
| ·28 | 1905 | 1910 | 1914 | 1919 | 1923 | 1928 | 1932 | 1936 | 1941 | 1945 | 0 | 1 | 1 | 2 | 2 | 3 | 3 | 4 |
| ·29 | 1950 | 1954 | 1959 | 1963 | 1968 | 1972 | 1977 | 1982 | 1986 | 1991 | 0 | 1 | 1 | 2 | 2 | 3 | 3 | 4 |
| ·30 | 1995 | 2000 | 2004 | 2009 | 2014 | 2018 | 2023 | 2028 | 2032 | 2037 | 0 | 1 | 1 | 2 | 2 | 3 | 3 | 4 |
| ·31 | 2042 | 2046 | 2051 | 2056 | 2061 | 2065 | 2070 | 2075 | 2080 | 2084 | 0 | 1 | 1 | 2 | 2 | 3 | 3 | 4 |
| ·32 | 2089 | 2094 | 2099 | 2104 | 2109 | 2113 | 2118 | 2123 | 2128 | 2133 | 0 | 1 | 1 | 2 | 2 | 3 | 3 | 4 |
| ·33 | 2138 | 2143 | 2148 | 2153 | 2158 | 2163 | 2168 | 2173 | 2178 | 2183 | 0 | 1 | 1 | 2 | 2 | 3 | 3 | 4 |
| ·34 | 2188 | 2193 | 2198 | 2203 | 2208 | 2213 | 2218 | 2223 | 2228 | 2234 | 1 | 1 | 2 | 2 | 3 | 3 | 4 | 4 |
| ·35 | 2239 | 2244 | 2249 | 2254 | 2259 | 2265 | 2270 | 2275 | 2280 | 2286 | 1 | 1 | 2 | 2 | 3 | 3 | 4 | 4 |
| ·36 | 2291 | 2296 | 2301 | 2307 | 2312 | 2317 | 2323 | 2328 | 2333 | 2339 | 1 | 1 | 2 | 2 | 3 | 3 | 4 | 4 |
| ·37 | 2344 | 2350 | 2355 | 2360 | 2366 | 2371 | 2377 | 2382 | 2388 | 2393 | 1 | 1 | 2 | 2 | 3 | 3 | 4 | 4 |
| ·38 | 2399 | 2404 | 2410 | 2415 | 2421 | 2427 | 2432 | 2438 | 2443 | 2449 | 1 | 1 | 2 | 2 | 3 | 3 | 4 | 4 |
| ·39 | 2455 | 2460 | 2466 | 2472 | 2477 | 2483 | 2489 | 2495 | 2500 | 2506 | 1 | 1 | 2 | 2 | 3 | 3 | 4 | 5 |
| ·40 | 2512 | 2518 | 2523 | 2529 | 2535 | 2541 | 2547 | 2553 | 2559 | 2564 | 1 | 1 | 2 | 2 | 3 | 4 | 4 | 5 |
| ·41 | 2570 | 2576 | 2582 | 2588 | 2594 | 2600 | 2606 | 2612 | 2618 | 2624 | 1 | 1 | 2 | 2 | 3 | 4 | 4 | 5 |
| ·42 | 2630 | 2636 | 2642 | 2649 | 2655 | 2661 | 2667 | 2673 | 2679 | 2685 | 1 | 1 | 2 | 2 | 3 | 4 | 4 | 5 |
| ·43 | 2692 | 2698 | 2704 | 2710 | 2716 | 2723 | 2729 | 2735 | 2742 | 2748 | 1 | 1 | 2 | 3 | 3 | 4 | 4 | 5 |
| ·44 | 2754 | 2761 | 2767 | 2773 | 2780 | 2786 | 2793 | 2799 | 2805 | 2812 | 1 | 1 | 2 | 3 | 3 | 4 | 4 | 5 |
| ·45 | 2818 | 2825 | 2831 | 2838 | 2844 | 2851 | 2858 | 2864 | 2871 | 2877 | 1 | 1 | 2 | 3 | 3 | 4 | 5 | 5 |
| ·46 | 2884 | 2891 | 2897 | 2904 | 2911 | 2917 | 2924 | 2931 | 2938 | 2944 | 1 | 1 | 2 | 3 | 3 | 4 | 5 | 5 |
| ·47 | 2951 | 2958 | 2965 | 2972 | 2979 | 2985 | 2992 | 2999 | 3006 | 3013 | 1 | 1 | 2 | 3 | 3 | 4 | 5 | 5 |
| ·48 | 3020 | 3027 | 3034 | 3041 | 3048 | 3055 | 3062 | 3069 | 3076 | 3083 | 1 | 1 | 2 | 3 | 4 | 4 | 5 | 6 |
| ·49 | 3090 | 3097 | 3105 | 3112 | 3119 | 3126 | 3133 | 3141 | 3148 | 3155 | 1 | 1 | 2 | 3 | 4 | 4 | 5 | 6 |
|  | 0 | 1 | 2 | 3 | 4 | 5 | 6 | 7 | 8 | 9 | 1 | 2 | 3 | 4 | 5 | 6 | 7 | 8 |

| Log | 0 | 1 | 2 | 3 | 4 | 5 | 6 | 7 | 8 | 9 | 1 | 2 | 3 | 4 | 5 | 6 | 7 | 8 | 9 |
|---|---|---|---|---|---|---|---|---|---|---|---|---|---|---|---|---|---|---|---|
| ·50 | 3162 | 3170 | 3177 | 3184 | 3192 | 3199 | 3206 | 3214 | 3221 | 3228 | 1 | 1 | 2 | 3 | 4 | 4 | 5 | 6 | 7 |
| ·51 | 3236 | 3243 | 3251 | 3258 | 3266 | 3273 | 3281 | 3289 | 3296 | 3304 | 1 | 2 | 2 | 3 | 4 | 5 | 5 | 6 | 7 |
| ·52 | 3311 | 3319 | 3327 | 3334 | 3342 | 3350 | 3357 | 3365 | 3373 | 3381 | 1 | 2 | 2 | 3 | 4 | 5 | 5 | 6 | 7 |
| ·53 | 3388 | 3396 | 3404 | 3412 | 3420 | 3428 | 3436 | 3443 | 3451 | 3459 | 1 | 2 | 2 | 3 | 4 | 5 | 6 | 6 | 7 |
| ·54 | 3467 | 3475 | 3483 | 3491 | 3499 | 3508 | 3516 | 3524 | 3532 | 3540 | 1 | 2 | 2 | 3 | 4 | 5 | 6 | 6 | 7 |
| ·55 | 3548 | 3556 | 3565 | 3573 | 3581 | 3589 | 3597 | 3606 | 3614 | 3622 | 1 | 2 | 2 | 3 | 4 | 5 | 6 | 7 | 7 |
| ·56 | 3631 | 3639 | 3648 | 3656 | 3664 | 3673 | 3681 | 3690 | 3698 | 3707 | 1 | 2 | 3 | 3 | 4 | 5 | 6 | 7 | 8 |
| ·57 | 3715 | 3724 | 3733 | 3741 | 3750 | 3758 | 3767 | 3776 | 3784 | 3793 | 1 | 2 | 3 | 3 | 4 | 5 | 6 | 7 | 8 |
| ·58 | 3802 | 3811 | 3819 | 3828 | 3837 | 3846 | 3855 | 3864 | 3873 | 3882 | 1 | 2 | 3 | 4 | 4 | 5 | 6 | 7 | 8 |
| ·59 | 3890 | 3899 | 3908 | 3917 | 3926 | 3936 | 3945 | 3954 | 3963 | 3972 | 1 | 2 | 3 | 4 | 5 | 5 | 6 | 7 | 8 |
| ·60 | 3981 | 3990 | 3999 | 4009 | 4018 | 4027 | 4036 | 4046 | 4055 | 4064 | 1 | 2 | 3 | 4 | 5 | 6 | 6 | 7 | 8 |
| ·61 | 4074 | 4083 | 4093 | 4102 | 4111 | 4121 | 4130 | 4140 | 4150 | 4159 | 1 | 2 | 3 | 4 | 5 | 6 | 7 | 8 | 9 |
| ·62 | 4169 | 4178 | 4188 | 4198 | 4207 | 4217 | 4227 | 4236 | 4246 | 4256 | 1 | 2 | 3 | 4 | 5 | 6 | 7 | 8 | 9 |
| ·63 | 4266 | 4276 | 4285 | 4295 | 4305 | 4315 | 4325 | 4335 | 4345 | 4355 | 1 | 2 | 3 | 4 | 5 | 6 | 7 | 8 | 9 |
| ·64 | 4365 | 4375 | 4385 | 4395 | 4406 | 4416 | 4426 | 4436 | 4446 | 4457 | 1 | 2 | 3 | 4 | 5 | 6 | 7 | 8 | 9 |
| ·65 | 4467 | 4477 | 4487 | 4498 | 4508 | 4519 | 4529 | 4539 | 4550 | 4560 | 1 | 2 | 3 | 4 | 5 | 6 | 7 | 8 | 9 |
| ·66 | 4571 | 4581 | 4592 | 4603 | 4613 | 4624 | 4634 | 4645 | 4656 | 4667 | 1 | 2 | 3 | 4 | 5 | 6 | 7 | 9 | 10 |
| ·67 | 4677 | 4688 | 4699 | 4710 | 4721 | 4732 | 4742 | 4753 | 4764 | 4775 | 1 | 2 | 3 | 4 | 5 | 7 | 8 | 9 | 10 |
| ·68 | 4786 | 4797 | 4808 | 4819 | 4831 | 4842 | 4853 | 4864 | 4875 | 4887 | 1 | 2 | 3 | 4 | 6 | 7 | 8 | 9 | 10 |
| ·69 | 4898 | 4909 | 4920 | 4932 | 4943 | 4955 | 4966 | 4977 | 4989 | 5000 | 1 | 2 | 3 | 5 | 6 | 7 | 8 | 9 | 10 |
| ·70 | 5012 | 5023 | 5035 | 5047 | 5058 | 5070 | 5082 | 5093 | 5105 | 5117 | 1 | 2 | 4 | 5 | 6 | 7 | 8 | 9 | 11 |
| ·71 | 5129 | 5140 | 5152 | 5164 | 5176 | 5188 | 5200 | 5212 | 5224 | 5236 | 1 | 2 | 4 | 5 | 6 | 7 | 8 | 10 | 11 |
| ·72 | 5248 | 5260 | 5272 | 5284 | 5297 | 5309 | 5321 | 5333 | 5346 | 5358 | 1 | 2 | 4 | 5 | 6 | 7 | 9 | 10 | 11 |
| ·73 | 5370 | 5383 | 5395 | 5408 | 5420 | 5433 | 5445 | 5458 | 5470 | 5483 | 1 | 3 | 4 | 5 | 6 | 8 | 9 | 10 | 11 |
| ·74 | 5495 | 5508 | 5521 | 5534 | 5546 | 5559 | 5572 | 5585 | 5598 | 5610 | 1 | 3 | 4 | 5 | 6 | 8 | 9 | 10 | 12 |
| ·75 | 5623 | 5636 | 5649 | 5662 | 5675 | 5689 | 5702 | 5715 | 5728 | 5741 | 1 | 3 | 4 | 5 | 7 | 8 | 9 | 10 | 12 |
| ·76 | 5754 | 5768 | 5781 | 5794 | 5808 | 5821 | 5834 | 5848 | 5861 | 5875 | 1 | 3 | 4 | 5 | 7 | 8 | 9 | 11 | 12 |
| ·77 | 5888 | 5902 | 5916 | 5929 | 5943 | 5957 | 5970 | 5984 | 5998 | 6012 | 1 | 3 | 4 | 5 | 7 | 8 | 10 | 11 | 12 |
| ·78 | 6026 | 6039 | 6053 | 6067 | 6081 | 6095 | 6109 | 6124 | 6138 | 6152 | 1 | 3 | 4 | 6 | 7 | 8 | 10 | 11 | 13 |
| ·79 | 6166 | 6180 | 6194 | 6209 | 6223 | 6237 | 6252 | 6266 | 6281 | 6295 | 1 | 3 | 4 | 6 | 7 | 9 | 10 | 11 | 13 |
| ·80 | 6310 | 6324 | 6339 | 6353 | 6368 | 6383 | 6397 | 6412 | 6427 | 6442 | 1 | 3 | 4 | 6 | 7 | 9 | 10 | 12 | 13 |
| ·81 | 6457 | 6471 | 6486 | 6501 | 6516 | 6531 | 6546 | 6561 | 6577 | 6592 | 2 | 3 | 5 | 6 | 8 | 9 | 11 | 12 | 14 |
| ·82 | 6607 | 6622 | 6637 | 6653 | 6668 | 6683 | 6699 | 6714 | 6730 | 6745 | 2 | 3 | 5 | 6 | 8 | 9 | 11 | 12 | 14 |
| ·83 | 6761 | 6776 | 6792 | 6808 | 6823 | 6839 | 6855 | 6871 | 6887 | 6902 | 2 | 3 | 5 | 6 | 8 | 9 | 11 | 13 | 14 |
| ·84 | 6918 | 6934 | 6950 | 6966 | 6982 | 6998 | 7015 | 7031 | 7047 | 7063 | 2 | 3 | 5 | 6 | 8 | 10 | 11 | 13 | 15 |
| ·85 | 7079 | 7096 | 7112 | 7129 | 7145 | 7161 | 7178 | 7194 | 7211 | 7228 | 2 | 3 | 5 | 7 | 8 | 10 | 12 | 13 | 15 |
| ·86 | 7244 | 7261 | 7278 | 7295 | 7311 | 7328 | 7345 | 7362 | 7379 | 7396 | 2 | 3 | 5 | 7 | 8 | 10 | 12 | 13 | 15 |
| ·87 | 7413 | 7430 | 7447 | 7464 | 7482 | 7499 | 7516 | 7534 | 7551 | 7568 | 2 | 3 | 5 | 7 | 9 | 10 | 12 | 14 | 16 |
| ·88 | 7586 | 7603 | 7621 | 7638 | 7656 | 7674 | 7691 | 7709 | 7727 | 7745 | 2 | 4 | 5 | 7 | 9 | 11 | 12 | 14 | 16 |
| ·89 | 7762 | 7780 | 7798 | 7816 | 7834 | 7852 | 7870 | 7889 | 7907 | 7925 | 2 | 4 | 5 | 7 | 9 | 11 | 13 | 14 | 16 |
| ·90 | 7943 | 7962 | 7980 | 7998 | 8017 | 8035 | 8054 | 8072 | 8091 | 8110 | 2 | 4 | 6 | 7 | 9 | 11 | 13 | 15 | 17 |
| ·91 | 8128 | 8147 | 8166 | 8185 | 8204 | 8222 | 8241 | 8260 | 8279 | 8299 | 2 | 4 | 6 | 8 | 9 | 11 | 13 | 15 | 17 |
| ·92 | 8318 | 8337 | 8356 | 8375 | 8395 | 8414 | 8433 | 8453 | 8472 | 8492 | 2 | 4 | 6 | 8 | 10 | 12 | 14 | 15 | 17 |
| ·93 | 8511 | 8531 | 8551 | 8570 | 8590 | 8610 | 8630 | 8650 | 8670 | 8690 | 2 | 4 | 6 | 8 | 10 | 12 | 14 | 16 | 18 |
| ·94 | 8710 | 8730 | 8750 | 8770 | 8790 | 8810 | 8831 | 8851 | 8872 | 8892 | 2 | 4 | 6 | 8 | 10 | 12 | 14 | 16 | 18 |
| ·95 | 8913 | 8933 | 8954 | 8974 | 8995 | 9016 | 9036 | 9057 | 9078 | 9099 | 2 | 4 | 6 | 8 | 10 | 12 | 15 | 17 | 19 |
| ·96 | 9120 | 9141 | 9162 | 9183 | 9204 | 9226 | 9247 | 9268 | 9290 | 9311 | 2 | 4 | 6 | 8 | 11 | 13 | 15 | 17 | 19 |
| ·97 | 9333 | 9354 | 9376 | 9397 | 9419 | 9441 | 9462 | 9484 | 9506 | 9528 | 2 | 4 | 7 | 9 | 11 | 13 | 15 | 17 | 20 |
| ·98 | 9550 | 9572 | 9594 | 9616 | 9638 | 9661 | 9683 | 9705 | 9727 | 9750 | 2 | 4 | 7 | 9 | 11 | 13 | 16 | 18 | 20 |
| ·99 | 9772 | 9795 | 9817 | 9840 | 9863 | 9886 | 9908 | 9931 | 9954 | 9977 | 2 | 5 | 7 | 9 | 11 | 14 | 16 | 18 | 20 |
|  | 0 | 1 | 2 | 3 | 4 | 5 | 6 | 7 | 8 | 9 | 1 | 2 | 3 | 4 | 5 | 6 | 7 | 8 | 9 |

1 Mol (Grammmolekulargewicht) eines idealen Gases nimmt bei $t = 0^0$ C (entsprechend $T = 273{,}09^0$ in absoluter Zählung) und $p = 76$ cm Quecksilberdruck unter $45^0$ Breite 22,412 Liter ein (D. Berthelot, Z. f. Elektrochemie **10**, 621—629).

Lösung quadratischer Gleichungen:

$$x^2 + ax + b = 0; \quad x = -\frac{1}{2}a \pm \sqrt{\left(\frac{a}{2}\right)^2 - b}.$$

Lösung kubischer Gleichungen:

$$x^3 + ax^2 + bx + c = 0,$$

man setze $p = b - \frac{1}{3}a^2$ und $q = 2\left(\frac{a}{3}\right)^3 - \frac{1}{3}ab + c$, ferner

$$y = \sqrt[3]{-\frac{q}{2} \pm \sqrt{\left(\frac{p}{3}\right)^3 + \left(\frac{q}{2}\right)^2}} + \sqrt[3]{-\frac{q}{2} \mp \sqrt{\left(\frac{p}{3}\right)^3 + \left(\frac{q}{2}\right)^2}},$$

so ist

$$x = y - \frac{1}{3}a.$$

Wird $\sqrt{\left(\frac{p}{3}\right)^3 + \left(\frac{q}{2}\right)^2}$ negativ, so setzt man

$$\sin 3\varepsilon = 4q : \left(-\frac{4}{3}p\right)^{3/2}$$

und

$$r = \left(-\frac{4}{3}p\right)^{1/2};$$

dann ist

$$y_1 = r \sin \varepsilon; \quad y_2 = r \sin(60^0 - \varepsilon); \quad y_3 = -r \sin(60^0 + \varepsilon).$$

## Temperatur und Dichte des Quecksilbers.

| t | D | t | D | t | D |
|---|---|---|---|---|---|
| – 10° | 13,6202 | 30° | 13,5217 | 70° | 13,4244 |
| 0° | 5955 | 40° | 4973 | 80° | 4003 |
| 10° | 5708 | 50° | 4729 | 90° | 3762 |
| 20° | 5462 | 60° | 4486 | 100° | 3522 |